離散数学入門

整数の誕生から「無限」まで

芳沢光雄　著

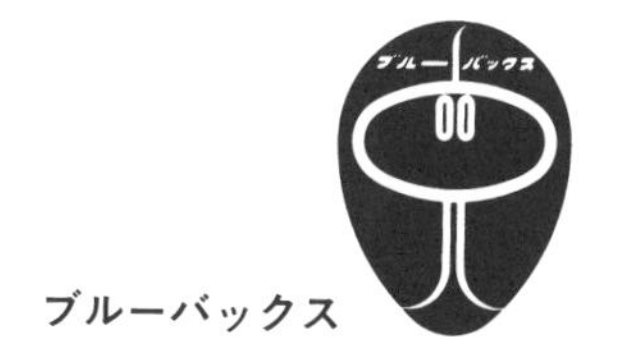

装幀／芦澤泰偉・児崎雅淑
本文・もくじ・章扉デザイン／齋藤ひさの
本文図版／さくら工芸社

まえがき

近年，符号理論，暗号理論，プログラム理論などが注目されるようになってきたのに伴って，それらの基礎となる離散数学が注目されるようになってきた。実際，各大学でも離散数学の講義が増えてきている。いわゆる解析学系の微分積分学とは距離を置くため，新鮮な気持ちで離散数学を学ぶ学生が増えているようだ。

離散数学は集合論や初等整数論を基礎として，純組合せ論，電気や化学とも関係が深いグラフ理論，実験計画や符号理論とも関係が深いデザイン論などが主な対象となる。本書では，それらを念頭に置いて離散数学の入門を語るのであるが，いわゆる「読み物」ではなく，初歩から一歩ずつ確実に理解を積み上げていく「教科書」スタイルをとる。

予備知識はとくに必要無く，高校生でも読み進めていけるように構成した。そのために，集合や写像の説明（第 1 章）から丁寧な説明を心掛けた。

さて，離散数学の基礎は「数えること」であると言えるだろう。本書の特徴を一言で述べると，その「数えること」を軸に置いて構成している。実際，「数えること」をいろいろな具体例に注目して分類してみると，「帰納的に考えて数える」，「2 通りに数える」，「対称性を用いて数える」の 3 つに分かれると考えられる（第2章）。

第3章では,「帰納的に考えて数える」発想を学ぶ。数えることに関して重要な「包含・排除の公式」, グラフ理論の「木」の個数, 純組合せ論的な「オモリの問題」などを述べる。最後に, 帰納的に考えて数える発想を本質とする「偶置換・奇置換の一意性」の証明について述べる。

第4章では,「2通りに数える」発想を学ぶ。グラフ理論やデザイン論の重要な基礎的定理の証明は, 正にこの発想を用いていることに注目していただきたい。それらの応用例として, 正多面体の分類, 16人の麻雀大会のスケジュールなどを取り上げる。最後に, 2通りに数える発想を本質とする「偶置換・奇置換の一意性」の証明について述べる。

第5章では,「対称性を用いて数える」発想を学ぶ。ダイオキシンの異性体や正多面体の合同変換の個数を求めることから始めて, 組合せ構造の自己同型群の位数を求めるときに有効な, 置換群の公式を証明する。その応用として, 代数学のガロア理論の話題も紹介する。途中で, 対称性を用いて数える発想を本質とする「偶置換・奇置換の一意性」の証明について述べる。

第6章では, 無限集合の“個数”に相当する「濃度」について,「1対1の対応」から説明する。自然数全体の集合と実数全体の集合の濃度が等しくないことを示す「カントールの対角線論法」は当然述べるが, 2つの無限集合の濃度が等しいことを示すときに有効な「ベルンシュタインの定理」について, 具体例による証明の後で一般的な証明を述べる。そのような説明法をとることによって，一般的な証明が理解し易くなることは，かつて数学科教員時代の講義で悟ったことである。

本書を一読し，離散数学に対する興味・関心を高めていただければ，著者としてこの上なく嬉しく思う次第である。

本書は編集担当の家中信幸さんが，的確な編集作業を行ってくださったことによって完成したのであり，ここに深く感謝する。

2019 年 12 月

芳沢光雄

もくじ◆離散数学入門

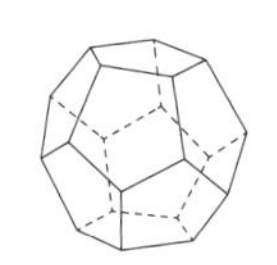

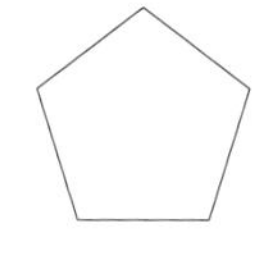

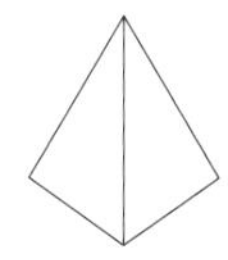

第4章 2通りに数える発想 93

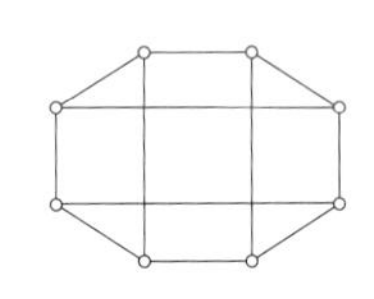

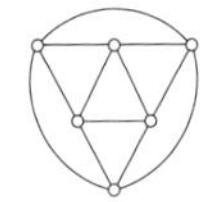

第1章
整数の誕生

物事を「数える」ことを始めてから，人類は多方面にわたって発展したと言えるだろう。この「数える」ことは，個々の物品を「1対1」の発想で管理する「トークン」を経て，整数の概念が誕生したことが起源である。「ひとつがいの雉(きじ)も2日も，ともに2という数の実例であることを発見するには長い年月を要したのである」というバートランド・ラッセルの言葉が，その意義を端的に物語っている。

1.1 トークン

数学史に関する多くの書を見ると，物の個数を数える整数の誕生は以下の事項から述べられている。紀元前3000年から紀元前2700年頃までにメソポタミアの南部にシュメール人は最初の都市文明を建設し，彼らが用いた**楔形**（くさびがた）**文字**には次のような抽象的な数字を意味するものがあった（図1.1）。

図1.1

小学校に入学してすぐに学ぶ1, 2, 3, 4, … という整数を考えると，たとえば5という数字で紙5枚を表すことも，魚5匹を表すことも，ミカン5個を表すこともある。紙，魚，ミカン，そのような個々の物ではなく，5という抽象化された数字を認識できるようになることは，小さい子ども達にとって易しいとは言えないだろう。

上で図示した楔形文字は，既にその壁を乗り越えているということである。そこで疑問に思うことは，人類が楔形文字を考え出すまでの経緯である。実際，1950年にノーベル文学賞を受賞したバートランド・ラッセルの言葉にも，「ひとつがいの雉（きじ）も2日も，ともに2という数の実例であることを発見するには長い年月を要したのである」というものがある。

まず，紀元前１万 5000 年〜紀元前１万年頃の旧石器時代の近東（北アフリカの地中海沿岸部，東アラブ地域，小アジア，バルカン半島など）には，動物の骨に何本かの線を切り込んだ「タリー」と呼ばれるものがあった。それらの切り込みは，特定の「具体的事物」に関係していると考えられており，１日１日の太陰暦を１つ１つの切り込みにしていたとする仮説がある。

次に，紀元前 8000 年頃から始まる新石器時代の近東では，円錐形，球形，円盤形，円筒形などの形をした小さな粘土製品の**トークン**というものがあった。壺（つぼ）に入った油は卵形のトークンで数え，小単位の穀物は円錐形のトークンで数える，というように物品それぞれに応じた特定のトークンがあった。１壺の油は卵形トークン１個で，２壺の油は卵形トークン２個で，３壺の油は卵形トークン３個でというように，１つ１つに対応させる関係に基づいて使われていたのである（『文字はこうして生まれた』（岩波書店）を参照）。

そして，イラクのウルク出土における紀元前 3000 年頃の粘土板に，５を意味する５つの楔形の押印記号と羊を表す⊕という絵文字の両方が記されているものが見つかっている。これは５匹の羊を意味するが，個々の物品の概念から分かれて数の概念が誕生したことを示している。トークンの歴史が，シュメール人が用いた楔形文字に繋（つな）がるのだろう。

５世紀から９世紀頃のインドでは，同じ０でも 807 の真ん中にある「空位」としての０と，5+0=5 というような式にある「数」としての 0，それら両方の意味を兼ねたゼロを発見した。そのような歴史を経て現在に至るが，個々の物品に対して**1対1の対応**の発想を用いて，それぞれを管理していたトークンの意義を評価したい。本節の最後に小噺（こばなし）を述べるが，本質的にはトークンの発想で理解できるものと言えよう。

ここに小さい子ども達が集まっているとき，「男の子の人数が女の子の人数より多いか，女の子の人数が男の子の人数より多いか，それとも同数か」という質問が出たとき，それぞれの人数を数えなくても答えられるのである。それは，男の子と女の子が一人ずつ組になって手を繋げばよい。どちらかが余れば余った方が多く，余った子どもがいなければ同数だからである。

1.2 1対1の対応の発想

1対1の対応については，第6章で厳格に述べるつもりである。本節では，それについてやや直観的に述べ，また第6章に繋がるような話題を紹介しよう。

ものの集まりを**集合**という。いま，A, B, C をそれぞれ次のように定める集合とする。

A ＝{ア，イ，ウ}（ア，イ，ウから構成されている集合）
B ＝{ミカン，バナナ，メロン}
C ＝{ライオン，熊，キリン}

A, B, C はどれも3つの**元**（げん）（**要素**）から構成されている集合で，図1.2のように互いの元が1つずつ漏れなく対応する関係がある。

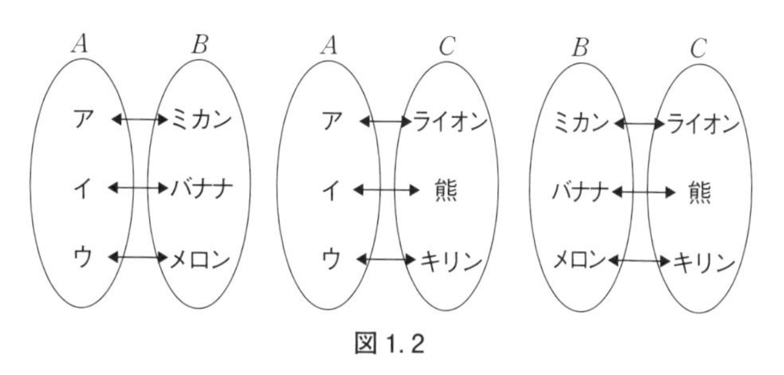

図 1.2

上の例を見ても分かるように，有限個の元から成る集合同士を比べるとき，「元の個数が等しい」ということと，「互いの元が1つずつ漏れなく対応する関係がある」ということは同じである。

しかし，無限個の元から成る集合同士を比べるときは，若干様子が異なるのである。詳しくは第6章で述べるが，簡単な例を紹介しておこう。

集合 $\boldsymbol{N}$ を自然数全体の集合，すなわち正の整数全体の集合とする。そして，A を正の奇数全体の集合とし，B を正の偶数全体の集合とする（図1.3）。

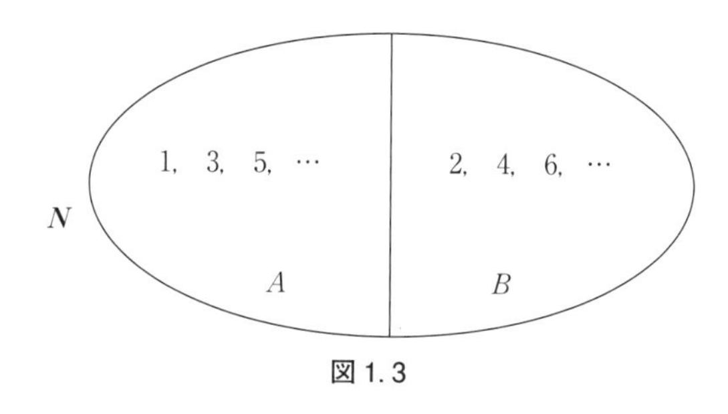

図 1.3

いま，集合 $\boldsymbol{N}$ の各元を2倍する対応を考えると，それは集

合 $\boldsymbol{N}$ と集合 B に関して，互いの元が1つずつ漏れなく対応する関係を示している（図1.4）。

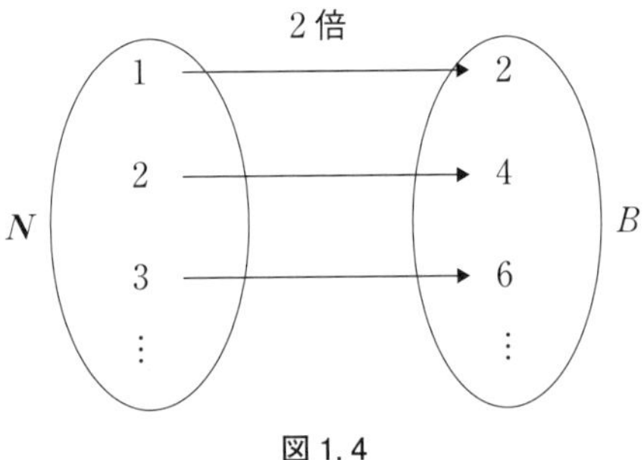

図 1.4

一方，集合 A の各元に1を加える関係を考えると，それは集合 A と集合 B に関して，互いの元が1つずつ漏れなく対応する関係を示している（図1.5）。

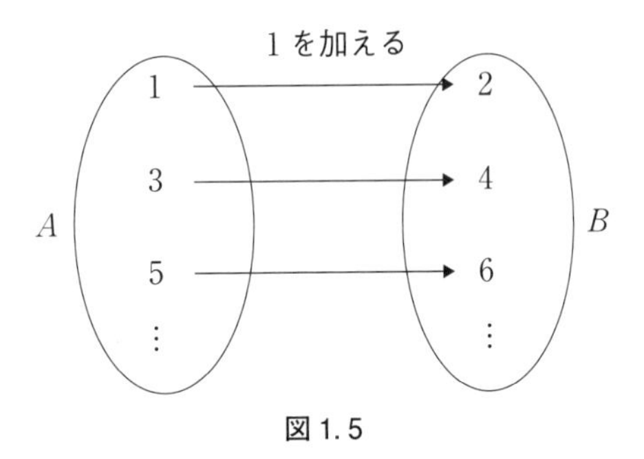

図 1.5

上で示したように，互いの元が1つずつ漏れなく対応する関係を通して見るとき，有限個の元から成る集合同士を比べる場合と，無限個の元から成る集合同士を比べる場合とでは，若干様子が異なることに留意したい。なお，有限個の元から成る集合を**有限集合**といい，無限個の元から成る集合を**無限集合**という。

また，**自然数全体の集合 $\boldsymbol{N}$** と**実数全体の集合 $\boldsymbol{R}$** は，互いの元が１つずつ漏れなく対応する関係は非存在なことが，カントール（1845～1918）の**対角線論法**と呼ばれるものによって証明されている。この証明は第６章で紹介するが，この研究辺りから集合論という分野は本格的に萌芽（ほうが）して発展した。その歴史を遡れば，遠い昔のトークンが見えるのである。

本節では以下，集合と論理に関する言葉の定義をいくつか紹介しておこう。なお記法に関しては，書物によって異なる場合があるので注意されたい。

まず，**整数全体の集合**を $\boldsymbol{Z}$，**有理数全体の集合**を $\boldsymbol{Q}$ とする。

a が集合 A の元（要素）であるとき，

$$a \in A \text{ または } A \ni a$$

と書く。また，a が集合 A の元でないとき，

$$a \notin A \text{ または } A \not\ni a$$

と書く。

集合 B が集合 A の**部分集合**であるとき，すなわち集合 B が集合 A に含まれるとき，

$$B \subseteq A \text{ または } A \supseteq B$$

と書く。たとえば，

$$\boldsymbol{N} \subseteq \boldsymbol{Z} \subseteq \boldsymbol{Q} \subseteq \boldsymbol{R}$$

が成り立つ。

とくに，B が A の**真部分集合**であるとき，すなわち

$$B \subseteq A \text{ かつ } B \neq A$$

であるとき，それを強調する場合，

$$B \subsetneq A \text{ または } A \supsetneq B$$

と書くこともある。

集合 A の**元の個数**を $|A|$ で表し，1つも元をもたない集合である**空集合**は ϕ で表す。したがって，A が無限集合のとき $|A| = \infty$ であり，$|\phi| = 0$ である。

一般に，元 $a_1, a_2, \cdots, a_n$ からなる集合を

$$\{a_1, a_2, \cdots, a_n\}$$

と書く。また，条件「…」を満たす元全体の集合を

$$\{a | \cdots\}$$

と書き，条件「…」を満たす集合 M の元全体の集合を

$$\{a \in M | \cdots\}$$

と書く。たとえば，

$$\{p | p \text{ は } 20 \text{ 以下の素数}\} = \{2, 3, 5, 7, 11, 13, 17, 19\}$$

と表すことができる。また，上の集合は

{20 以下の素数全体}

と表すこともある。

論理的な文に関しては，「$p \Rightarrow q$」は「p ならば q（p は q であるための**十分条件**，q は p であるための**必要条件**)」の意味であり，「$p \Leftrightarrow q$」は「p は q であるための**必要十分条件**（p と q は**同値**)」の意味である。

たとえば，p を「$x=1$」，q を「$x^2=1$」，r を「$x=\pm 1$」とすると，

$$p \Rightarrow q, \quad r \Leftrightarrow q$$

が成り立つ。

第2章 素朴に数えること

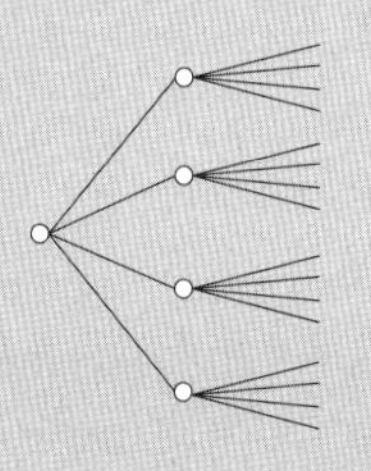

いわゆる「数える問題」では，イチ，ニ，サン，……と素朴に数えることが大切であり，そこでは樹形図などの素朴な発想が役立つ。本章の前半では，樹形図を用いて順列，組合せ，二項定理を復習する。後半では，「帰納的に考える」もの，「2 通りに計算する」もの，「対称性を用いる」もの，それぞれの易しい例を 3 つずつ紹介する。それらは順に，第 3 章，第 4 章，第 5 章の導入になっている。

2.1 樹形図の発想

最近の学生諸君の傾向として，マークシート問題全盛の時代を反映している面もあり，公式に数値を当てはめるような「やり方」に頼る解法は得意である。本来ならば1元2次方程式で解くはずの「流水算」を，「川の流れの速さ」と「静水での船の速さ」を与える公式で解くこと。本来ならば積分を用いて求めるはずの直線と放物線に挟まれた部分の面積を，「$\frac{1}{6}$ 公式」と呼ばれる名称が付いた公式で解くこと。等々。

そのような行き過ぎとも思われる現象の数々は，拙著『「%」が分からない大学生～日本の数学教育の致命的欠陥』（光文社新書）でいろいろ述べたが，その一方で，いわゆる「数える問題」，すなわちイチ，ニ，サン，……と素朴に数える問題は意外と苦手としている。小学生でも解けるはずの「数える問題」を大学入試に出すと，成績が予想外に悪いことは多くの大学でいえるようだ。

その背景には，いきなり順列記号Pと組合せ記号Cを暗記して，すぐにそれらを使った練習問題を解く傾向がある。問題を見たとたんにPやCを使おうとする姿勢は改めた方がよいだろう。数える問題で大切なことは，まずは「試行錯誤」から入ることだと考える。

本節では数えるときに用いる**樹形図**を学び，次節では幅広い観点から素朴に数える例題をいくつか紹介し，それらを参考にして数える問題の解決に向けた重要な発想を示す。

例題

図のような路線図があるとき，出発地 A から到着地 F に至るルートは何本あるだろうか。ただし，同じ地点は 2 度通らないものとする。

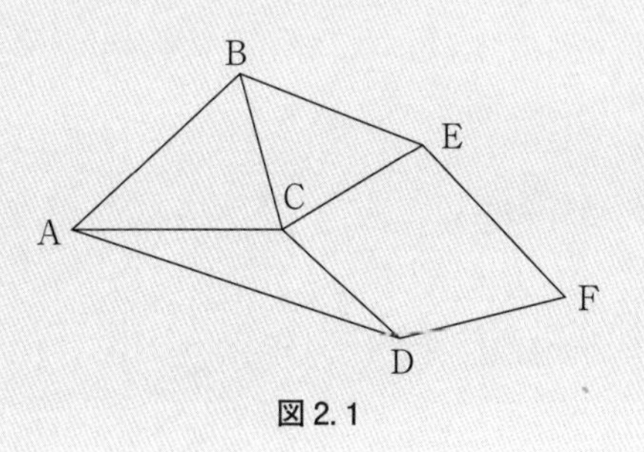

図 2. 1

以下のように樹形図を用いてすべてのルートを列挙すると，求めるルートは 10 本であることが分かる。

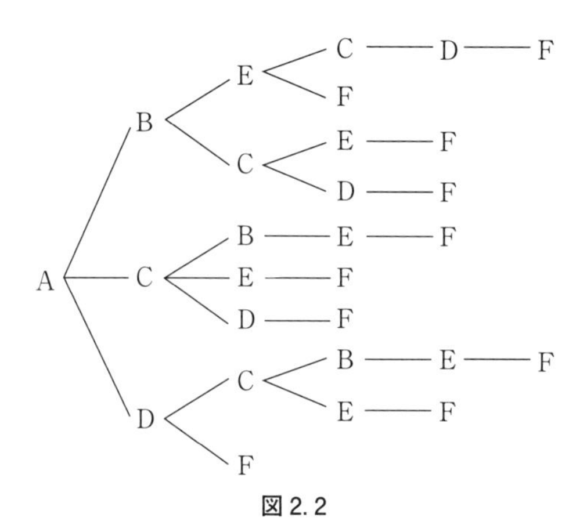

図 2. 2

例題のような問題を考えるとき，鉛筆で路線図の上を何回もなぞって数える人が意外と多い。しかし，チェックして確かめる点で，樹形図を用いる方が有利なことは言うまでもない。

樹形図の発想を用いて，順列や組合せなどの基礎的事項をまとめて復習しておこう。なお，重複組合せに関しては第3章で説明する。

例　重複順列

相異なる n 個のものを使って，重複を許して順に r 個並べる場合の総数は n^r である。

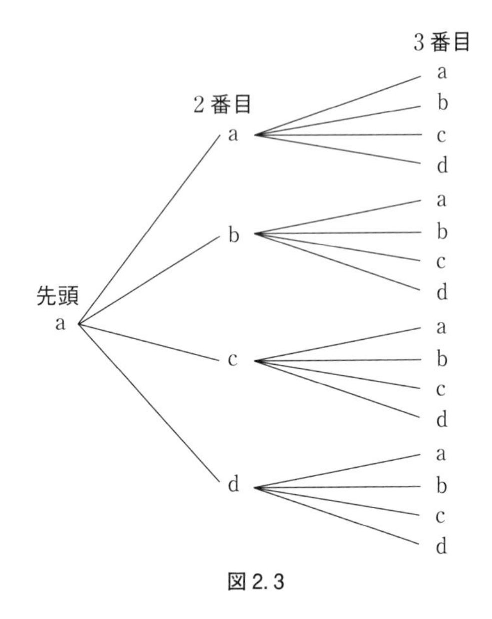

図2.3

いま，$n=4, r=3$，相異なる４個を a, b, c, d として考えてみよう。

図 2.3 の樹形図は，先頭が a の場合を列挙したものであり，その場合の数は 4×4 である。したがって，先頭の候補は a, b, c, d の４個があるので，$n=4, r=3$ の場合の総数は 4^3 である。

n と r が一般の場合も同じ議論が使えるので，相異なる n 個のものを使って，重複を許して順に r 個並べる場合の総数は n^r となる。

例　**順列**

相異なる n 個のものを使って，重複を許さないで順に r 個並べる場合の総数は

$$n(n-1)(n-2)\cdots(n-r+2)(n-r+1)$$

である。ちなみに，上式を ${}_nP_r$ と書く。

いま，$n=5, r=3$，相異なる５個を a, b, c, d, e として考えてみよう。

図 2.4 の樹形図は，先頭が a の場合を列挙したものであり，その場合の数は 4×3 である。したがって，先頭の候補は a, b, c, d, e の５個があるので，$n=5, r=3$ の場合の総数は $5\times4\times3$ である。

n と r が一般の場合も同じ議論が使えるので，相異なる n 個のものを使って，重複を許さないで順に r 個並べる場合の総数は

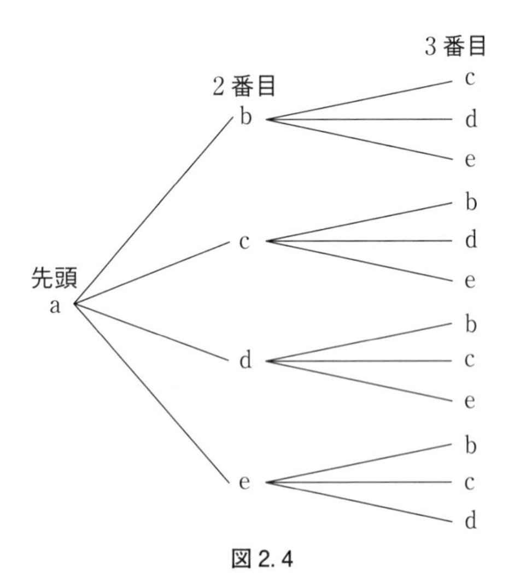

図 2.4

$$n(n-1)(n-2)\cdots(n-r+2)(n-r+1)$$

となる。

任意の自然数 n について，n の**階乗** $n!$ は

$$n! = n\times(n-1)\times(n-2)\times\cdots\times 2\times 1$$

と定める。また，公式が便利に使えるように

$$0! = 1,\quad {}_n\mathrm{P}_0 = 1$$

と定めておくと，$r=0, 1, 2, \cdots, n-1, n$ について，

$${}_n\mathrm{P}_r = \frac{n!}{(n-r)!}$$

と表すことができる。

例　組合せ

相異なる n 個のものから，順序を考慮せずに異なる r 個を取り出す場合の総数は

$$\frac{{}_n\mathrm{P}_r}{{}_r\mathrm{P}_r}$$

である。ちなみに，上式を ${}_n\mathrm{C}_r$ と書く。

いま，$n=7, r=3$，相異なる７個を a, b, c, d, e, f, g として考えてみよう。まず，それら７個から順序を付けて異なる３個を並べる総数は ${}_7\mathrm{P}_3$ である。ところが，たとえば３文字 a, b, c に順序を付けて並べる次の６通りは，順序を考慮せずに３個を取り出す場合は１つとしてカウントされる。

abc, acb, bac, bca, cab, cba

それと同じことが，a, b, c, d, e, f, g のどの３個についてもいえる。したがって，それら７個から順序を考慮せずに異なる３個を取り出す場合の総数は

$$\frac{{}_7\mathrm{P}_3}{{}_3\mathrm{P}_3}$$

となる。

n と r が一般の場合も同じ議論が使えるので，相異なる n 個のものから順序を考慮せずに異なる r 個を取り出す場合の総数は

$$\frac{{}_n\mathrm{P}_r}{{}_r\mathrm{P}_r}$$

となる。

また，公式が便利に使えるように

$$ {}_n\mathrm{C}_0 = 1,\quad {}_0\mathrm{P}_0 = 1 $$

と定めておくと，$r=0, 1, 2, \cdots, n-1, n$ について，

$$ {}_n\mathrm{C}_r = \frac{{}_n\mathrm{P}_r}{{}_r\mathrm{P}_r} $$

と表すことができる。

本節の最後に二項定理も復習しておこう。

定理

二項定理

$$ (a+b)^n = {}_n\mathrm{C}_0 a^n + {}_n\mathrm{C}_1 a^{n-1}b + {}_n\mathrm{C}_2 a^{n-2}b^2 + \cdots + {}_n\mathrm{C}_{n-1} ab^{n-1} + {}_n\mathrm{C}_n b^n $$

いま，$n=4$ として考えてみよう。

$$ (a+b)^4 = (a+b)\times(a+b)\times(a+b)\times(a+b) $$

↑ ↑ ↑ ↑

1番目　2番目　3番目　4番目

この掛け算は，図 2.5 の右端に表れたすべての項の足し算となる。

図 2.5 の右端において a^4 が何個あるかを考えると，1番目，2番目，3番目，4番目から b を 0 個選ぶ数になるので，その数は ${}_4\mathrm{C}_0=1$ である。また，右端において a^3b が何個あるかを考えると，1番目，2番目，3番目，4番目から b を 1 個選ぶ数になるので，その数は ${}_4\mathrm{C}_1$ である。次に，右端において a^2b^2 が何個あるかを考えると，1番目，2番目，3番目，4番目から b を 2 個選ぶ数になるので，その数は ${}_4\mathrm{C}_2$ である。

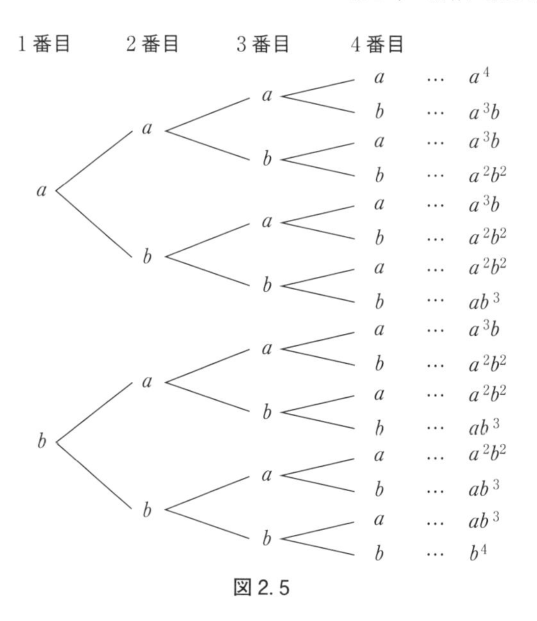

図 2. 5

以下同様に考えて，右端において ab^3 は ${}_4C_3$ 個あり，右端において b^4 は ${}_4C_4$ 個あることが分かる。したがって，

$$(a+b)^4 = {}_4C_0a^4+{}_4C_1a^3b+{}_4C_2a^2b^2+{}_4C_3ab^3+{}_4C_4b^4$$

が成り立つ。

n が一般の自然数の場合も同様に示されるので，二項定理が成り立つ。

2.2 数えることのいろいろな問題

はじめに，集合同士の演算に関する用語，および写像に関する用語の定義を簡単に述べておこう。

一般に集合 A, B に対し，A と B のどちらにも属している元全体からなる集合を，A と B の**共通集合**，**交わり**，**共通部分**などといい，

$$A \cap B$$

で表す。また，A と B の少なくとも一方に属している元全体からなる集合を，A と B の**和集合**，**合併集合**，**結び**などといい，

$$A \cup B$$

で表す。すなわち，

$$A \cap B = \{x | x \in A, x \in B\}$$
$$A \cup B = \{x | x \in A \text{ または } x \in B\}$$

である。なお，これらの集合同士の演算は，2 個の集合ばかりでなく，それより多くの集合に関しても用いる。さらに，A の元であって B の元でないもの全体がつくる集合を，A から B を引いた**差集合**といい，

$$A - B$$

で表す。

X, Y を集合とし，集合 X の各元をそれぞれ集合 Y の 1 つの元に対応させるとき，その対応を X から Y への**写像**という。X から Y への写像 f があるとき，それを

$$f : X \to Y$$

と表す。さらに，X の元 a が Y の元 b に対応しているとき，b を f による a の**像**といい，

$$b = f(a)$$

と書く。X, Y をそれぞれ f の**定義域**，**終域**といい，Y の部分集合

$$f(X) = \{f(x) \mid x \in X\}$$

を f の**値域**という。

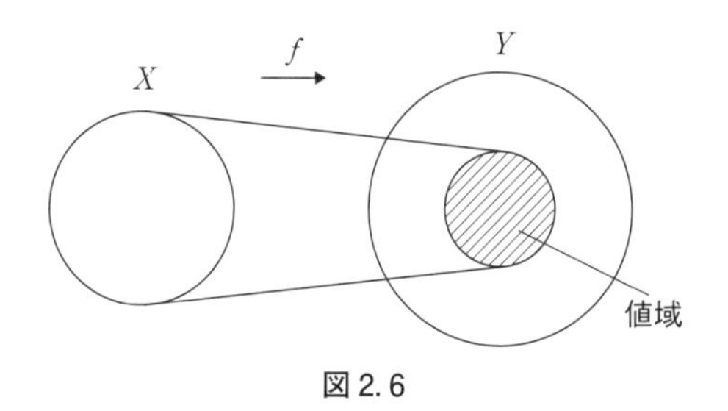

図 2.6

集合 X から集合 Y への写像 f について，f の値域が Y と一致するとき，f を X から Y への**全射**，あるいは X から Y の**上への写像**という。

関数 $y=x^2$ は，実数全体の集合 $\boldsymbol{R}$ から $\{x \in \boldsymbol{R} \mid x \geq 0\}$ への全射であるが，$\boldsymbol{R}$ から $\boldsymbol{R}$ への全射ではない。

集合 X から集合 Y への写像 f について，X の異なる元 a, b の像 $f(a), f(b)$ が必ず異なるとき，f を X から Y への**単射**，あるいは X から Y への **1 対 1 の写像**という。

関数 $y=2x$ は，$\boldsymbol{Z}$ から $\boldsymbol{Z}$ への単射であるが，$\boldsymbol{Z}$ から $\boldsymbol{Z}$ への全射ではない。また，関数 $y=x^2$ は，$\boldsymbol{R}$ から $\{x \in \boldsymbol{R} \mid x \geq 0\}$

への単射ではないが，$\{x\in\boldsymbol{R} \mid x\geq 0\}$ から $\boldsymbol{R}$ への単射である。

集合 X から集合 Y への写像 f について，f が全射かつ単射であるとき，f を X から Y への**全単射**，あるいは X から Y の上への 1 対 1 の写像という。

関数 $y=\tan x$ は，$\left\{x\in\boldsymbol{R} \,\middle|\, -\frac{\pi}{2}<x<\frac{\pi}{2}\right\}$ から $\boldsymbol{R}$ への全単射である（図 2.7 参照）。

なお，集合同士の関係に関して，第 1 章第 2 節で「互いの元が 1 つずつ漏れなく対応する関係」と述べたことと全単射は同じである。

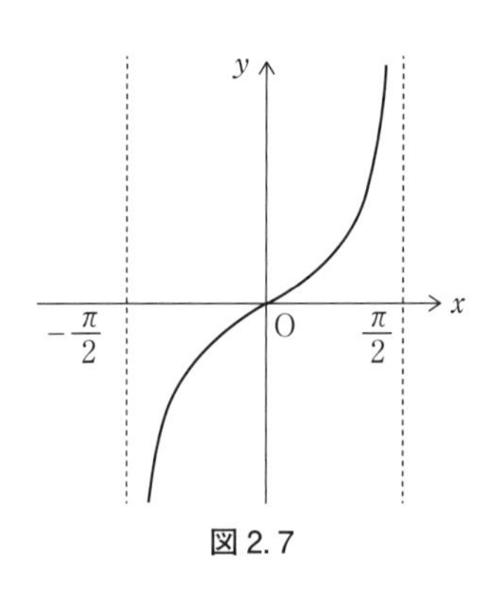

図 2.7

例題 1

第 1 章第 2 節で定めたことであるが，一般に X の元全体の個数を $|X|$ で表す。有限集合 X, Y に対して

$$|X\cup Y|=|X|+|Y|-|X\cap Y|$$

が成り立つことを参考にして，有限集合 A, B, C に対して $|A \cup B \cup C|$ を以下の７つを用いて表してみよう。

$$|A|, |B|, |C|, |A \cap B|, |A \cap C|, |B \cap C|, |A \cap B \cap C|$$

図 2.8 を参照して集合 A, B, C の重なり具合を確かめることにより，以下の等式が直ちに得られる。

$$\begin{aligned} |A \cup B \cup C| = &|A| + |B| + |C| - |A \cap B| \\ &- |A \cap C| - |B \cap C| + |A \cap B \cap C| \end{aligned}$$

なお第３章では，上式の一般化を説明する。

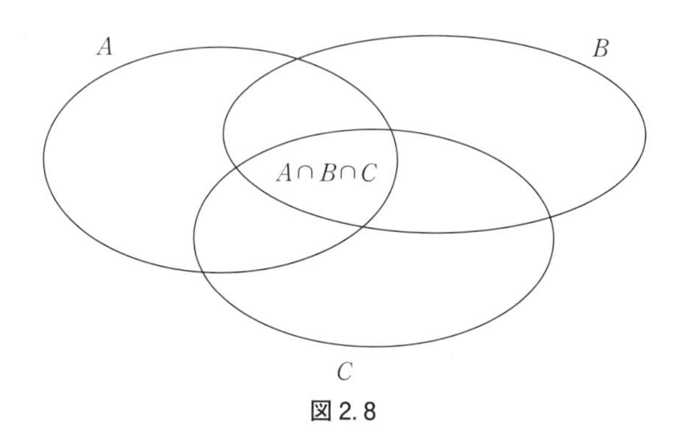

図 2.8

例題 2

平面上に異なる n 本の直線があって，どの 2 本も平行でなく，どの 3 本も同一の点で交わらないとする。このとき，それら n 本によって平面は

$$\frac{1}{2}(n^2+n+2)$$

個の部分に分けられることを数学的帰納法によって説明しよう。

$n=1$ のとき，平面は 2 個の部分に分けられる。そして，

$$\frac{1}{2}(1^2+1+2) = \frac{1}{2}\times 4 = 2$$

なので，$n=1$ のとき結論は成り立つ。

次に，平面上に異なる k 本の直線があって，どの 2 本も平行でなく，どの 3 本も同一の点で交わらないとするとき，それら k 本によって平面は

$$\frac{1}{2}(k^2+k+2)$$

個の部分に分けられると仮定する。

いま，平面上に異なる $k+1$ 本の直線 $\ell_1, \ell_2, \cdots, \ell_k, \ell$ があって，どの 2 本も平行でなく，どの 3 本も同一の点で交わらないとする。

図 2.9 は $k=3$ の場合であるが，ℓ を引くことによって，ℓ_1 の上部，ℓ_1 と ℓ_2 の間，ℓ_2 と ℓ_3 の間，ℓ_3 の下部に，合わせて 4 個の新たな部分ができることに注目する（○の印を参照）。

同様にして考えると，$\ell_1, \ell_2, \cdots, \ell_k$ に対して新たな直線 ℓ

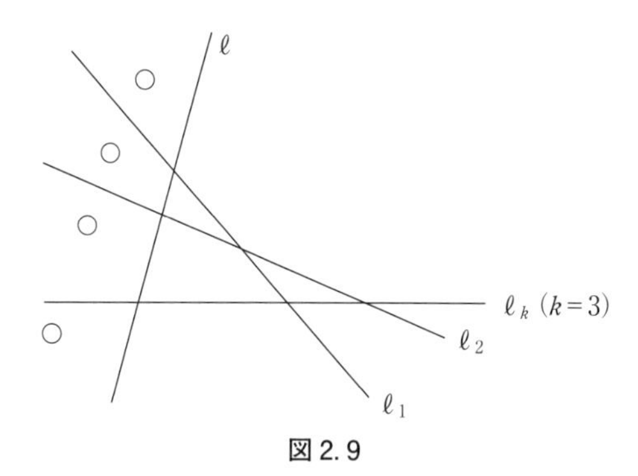

図 2.9

を引くことによって，合わせて $(k+1)$ 個の新たな部分ができる。

そこで仮定を用いると，$\ell_1, \ell_2, \cdots, \ell_k, \ell$ によって，平面は

$$\frac{1}{2}(k^2+k+2)+(k+1)$$

個の部分に分けられる。ここで，

$$\begin{aligned}上式 &= \frac{1}{2}(k^2+k+2+2k+2)\\ &= \frac{1}{2}\{(k+1)^2+(k+1)+2\}\end{aligned}$$

となるので，$n=k+1$ のときにも結論が成り立つ。したがって数学的帰納法により，すべての自然数 n について結論は成り立つ。

例題 3 京都大学 2007 年入試問題

1 歩で 1 段または 2 段のいずれかで階段を昇るとき，1 歩で 2 段昇ることは連続しないものとする。15 段の階段を昇る昇り方は何通りあるかを求めよう。

下から N 段までの階段の昇り方をⓃで表すことにする。すると，

①＝1
②＝2
③＝3

までは，易しく分かる。次に④，⑤，⑥を求めてみよう。

④＝4 段目に昇る最後の 1 歩は 1 段の場合の数
　　＋4 段目に昇る最後の 1 歩は 2 段の場合の数
　＝③＋(②のうち，2 段目に昇る最後の 1 歩が 1 段の場合の数)
　＝③＋①
　＝3＋1＝4

⑤＝5 段目に昇る最後の 1 歩は 1 段の場合の数
　　＋5 段目に昇る最後の 1 歩は 2 段の場合の数
　＝④＋(③のうち，3 段目に昇る最後の 1 歩が 1 段の場合の数)
　＝④＋②
　＝4＋2＝6

⑥ ＝６段目に昇る最後の１歩は１段の場合の数
　　＋６段目に昇る最後の１歩は２段の場合の数
　＝⑤＋(④のうち，３段目に昇る最後の１歩が１段の場合の数)
　＝⑤＋③
　＝6+3＝9

この段階までで分かるように，N が４以上のとき，一般に

Ⓝ＝(N−1)+(N−3)

が成り立つ。そこで，

⑦＝9+4＝13
⑧＝13+6＝19
⑨＝19+9＝28
⑩＝28+13＝41
⑪＝41+19＝60
⑫＝60+28＝88
⑬＝88+41＝129
⑭＝129+60＝189
⑮＝189+88＝277

が成り立つ。よって，15段の階段を昇る昇り方は277通りである。

例題 4

ある会社の社員は，東京，神奈川，埼玉，千葉のいずれかの都県に住み，社員の年齢は 20 代，30 代，40 代，50 代，60 代のいずれかになっている。また，社員の住所地と年齢を表にすると，次のようになっている（単位：人)。

ア，イ，ウ，エ，オ，カ，キ，ク，ケ，コにある数を埋めて，表を完成させよう。

	東京	神奈川	埼玉	千葉	計
20 代	15	ア	24	21	78
30 代	イ	21	ウ	エ	73
40 代	オ	17	15	14	カ
50 代	キ	15	15	14	61
60 代	10	8	2	4	ク
計	77	ケ	75	69	コ

20 代の行から，

$$ア = 78-15-24-21 = 18。$$

神奈川の列から，

$$ケ = 18+21+17+15+8 = 79。$$

最下段の行から，

$$コ = 77+79+75+69 = 300。$$

60 代の行から，

$$ク = 10+8+2+4 = 24。$$

右端の列から，

$$カ = 300-78-73-61-24 = 64。$$

埼玉の列から，

$$ウ = 75-24-15-15-2 = 19。$$

千葉の列から，

$$エ = 69-21-14-14-4 = 16。$$

30 代の行から，

$$イ = 73-21-19-16 = 17。$$

50 代の行から，

$$キ = 61-15-15-14 = 17。$$

40 代の行から，

$$オ = 64-17-15-14 = 18。$$

この例題でとくに注意したいことは，各列の合計の和と各行の合計の和が等しいことである。すなわち，

$$77+ケ+75+69 = 78+73+カ+61+ク$$

が成り立つ。

例題 5

一辺が 1 cm の正方形 4 個分から作った図 2.10 に示した図形がある。その図形を 8 個使うと，図 2.11 のように面積 32 cm^2 の長方形を作ることができる。しかし，その図形を 15 個使って面積 60 cm^2 の長方形は作ることができないようである。なぜだろうか。

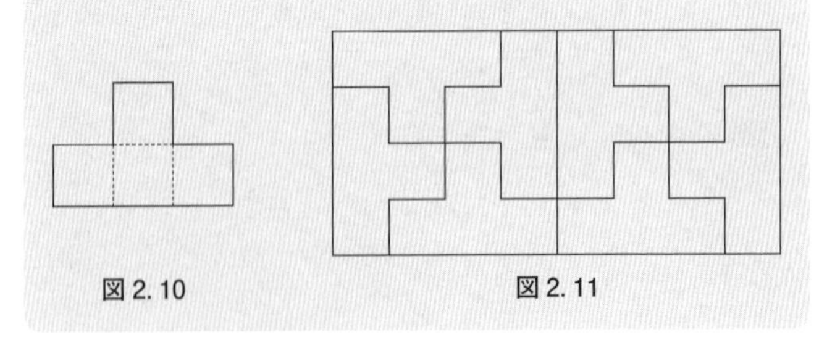

図 2.10　　図 2.11

面積が 60 cm^2 の任意の長方形を考える。それを一辺が 1 cm の正方形 60 個に分けて，図 2.12 のように黒と白を交互に塗る。すると，長方形の縦か横は偶数 cm なので，白と黒の正方形が 30 個ずつあることになる。

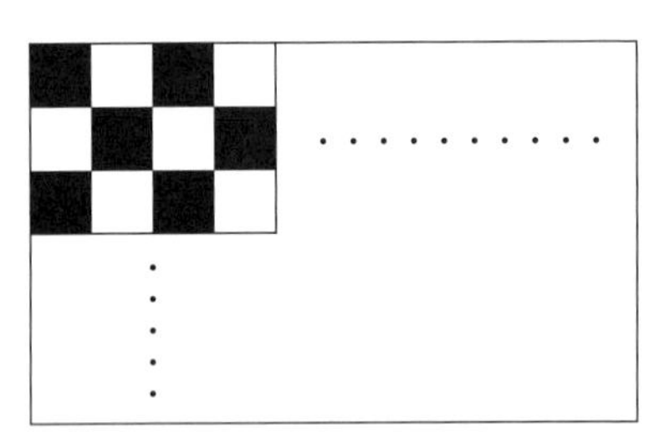

図 2.12

一方，一辺が 1 cm の正方形 4 個分から作った図 2.10 に示した図形 15 個によって，図 2.12 の長方形がぴったり敷き詰められるならば，図 2.13 の（ア）と（イ）に示した図形を合わせて 15 個によって，白と黒も一致させるように敷き詰められるはずである。

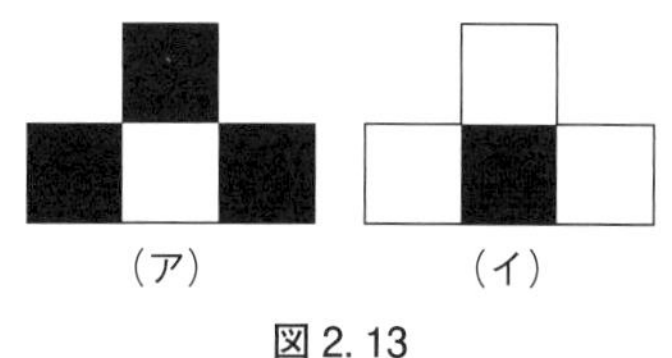

図 2.13

ところが，（ア）と（イ）を同じ個数ずつ用いないと，図 2.12 のように白と黒の小さい正方形が 30 個ずつにはならないのである。しかし，

$$15 \div 2 = 7.5 \text{（個）}$$

であるから，それは無理なことである。それゆえ，図 2.10 の図形 15 個によって，図 2.12 の長方形をぴったり敷き詰めることはできない。

例題 6

東京都内には，03 − ○○○○ − ○○○○という電話番号が非常に多くある。03 の後に続く番号は 8 桁あるが，ある人は次のような架空話を考えた。8 桁の番号は 00000000 から 99999999 まで 1 億個ある。それらの中からいくつかの加入番号を設けて，条件☆を満たすようにできないか。

☆ 8 桁のどんな番号 $a_1a_2a_3a_4a_5a_6a_7a_8$ に対しても，その番号とぴったり一致する加入番号があるか，あるいは $a_1a_2a_3a_4a_5a_6a_7a_8$ と 1ヵ所だけ違っている加入番号がただ 1 つだけ存在する。

たとえば，12345678 という番号を思い付いたとき，12345678 という加入番号があるか，あるいはそれと 1ヵ所だけ違っている次のいずれかの形をした番号がただ 1 つだけ存在することである。

x2345678　1x345678　12x45678　123x5678
1234x678　12345x78　123456x8　1234567x

この問題を考えるとき，まず，8 桁の任意の番号 $x_1x_2x_3x_4x_5x_6x_7x_8$ に対して，これと 1ヵ所だけ違っている番号はいくつあるかを求めよう。便宜上，$x_1x_2x_3x_4x_5x_6x_7x_8$ を 12345678 として考えてよい。そこで上のリストから，x2345678 では x≠1 となる 9 個，1x345678 では x≠2 となる 9 個，……，1234567x では x≠8 となる 9 個の，合計 72 個が 12345678 と 1ヵ所だけ違っている。

それゆえ，もし $x_1x_2x_3x_4x_5x_6x_7x_8$ が加入番号ならば，これと同じ番号か１ヵ所だけ違っている番号は 73 個になる。

そこで，条件☆が意味する状況があり得るならば，加入番号全部の個数を n とすると，

$$73 \times n = 8\text{ 桁の番号全体の個数} = 1\text{ 億}$$

という式が成り立つことになる。ところが，73 は１億の約数でないので，これは矛盾である。したがって，条件☆を満たすようにはできないのである。

例題 7

ここに６人がいる。この６人を３つのグループに分ける場合の数は全部でいくつあるだろうか。ただし，どのグループにも少なくとも１人は入るものとする。

この問題を見たとたんに，「これは順列記号 P や組合せ記号 C を用いて解く問題だ」と思ってしまう受験生が多いことは残念である。素朴に考えればよいのである。

最初に，分け方の人数だけに注目すると次の３つの型が考えられる。

Ⅰ…１人，２人，３人
Ⅱ…１人，１人，４人
Ⅲ…２人，２人，２人

Ⅰの場合，１人の選び方は６通りで，その各々に対して２人の選び方は，残りの５人から２人を選ぶ組合せの 10 通りで

($_5C_2=10$), それを決めれば残りの3人は1通りである。したがって, Iの場合の数は

$$6\times10=60 \text{（通り）}$$

となる。

IIの場合, 先に6人から4人の選び方を定めると, ただ1つのIIの型の分け方が決まる。その場合の総数は, 6人から2人の選び方の総数15と等しいので ($_6C_2=15$), IIの場合の数は15（通り）となる。

IIIの場合, 特定の1人とペアを組む相手の選び方は5通りで, その各々のペアに対して, 残りの4人を2人と2人に分ける場合は3通りある。よって, IIIの場合の数は

$$5\times3=15 \text{（通り）}$$

となる。以上から, 求める場合の数は全部で

$$60+15+15=90 \text{（通り）}$$

となる。

例題 8

白と黒の玉を合計 6 個使って，ネックレスを作りたい。何通りのネックレスが考えられるだろうか。なお，全部白でも全部黒でも構わない。またネックレスは表と裏がないので，次の 2 つは同じネックレスと考える。

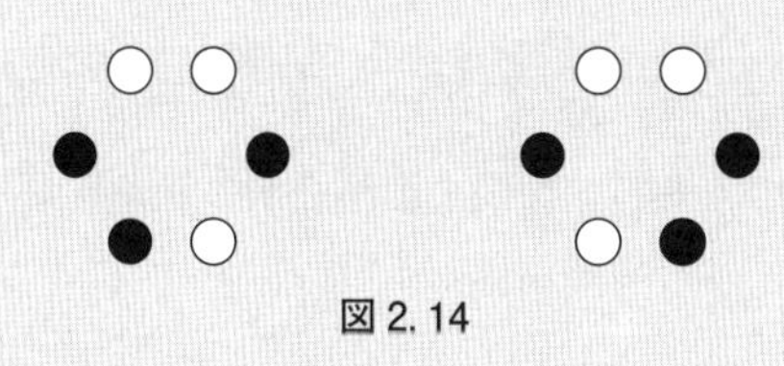

図 2.14

結論を述べると，下図の 13 通りになる。

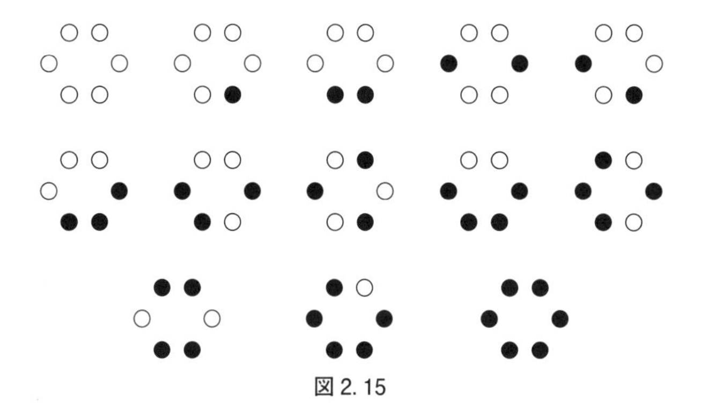

図 2.15

例題 9

集合 $A=\{1, 2, 3, 4, 5\}$ から集合 $B=\{a, b, c\}$ への全射の個数を求めよう。

まず，

$$A \text{ から } B \text{ への写像全体の個数} = 3^5 = 243$$

である。そのうち，値域が 1 個か 2 個の元からなる写像の個数を引けば，全射の個数は求まる。

$$A \text{ から } B \text{ への写像で値域が 1 個の元となる個数} = 3$$

は明らかである。

A から B への写像で値域が 2 個の元からなる場合は，次の 2 通りがある。

I：A の 4 個の元が B の 1 個の元に対応し，A の残りの 1 個が B の他の 1 個に対応する場合（図 2.16）。

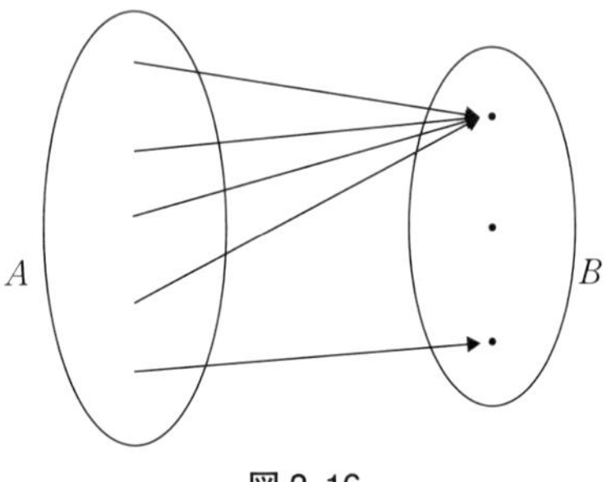

図 2.16

II：A の３個の元が B の１個の元に対応し，A の残りの２個が B の他の１個に対応する場合（図 2. 17）。

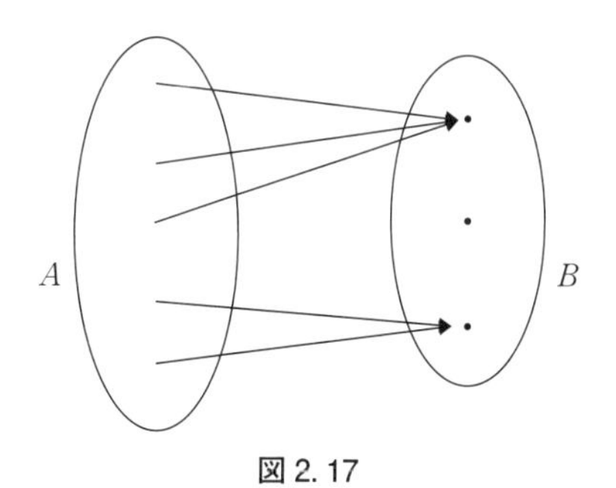

図 2. 17

I の場合の個数を求めると，集合 A を４個の元と１個の元に分ける場合の数は５である。たとえば，$\{1, 2, 3, 4\}$ と $\{5\}$ に分けた場合，それらを順に a と b，a と c，b と a，b と c，c と a，c と b に対応させる場合の数は６個である。したがって，

$$\text{I の場合の写像の個数} = 5 \times 6 = 30$$

となる。

II の場合の個数を求めると，集合 A を３個の元と２個の元に分ける場合の数は 10 である。たとえば，$\{1, 2, 3\}$ と $\{4, 5\}$ に分けた場合，それらを順に a と b，a と c，b と a，b と c，c と a，c と b に対応させる場合の数は６個である。したがって，

$$\text{II の場合の写像の個数} = 10 \times 6 = 60$$

となる。

以上から,

$$\text{集合}\,A\,\text{から集合}\,B\,\text{への全射の個数} = 243-3-30-60 = 150\ (\text{個})$$

が分かる。

なお，第３章では例題９を一般化させた式を紹介する。

本節の例題１から例題９を振り返ると，例題１から例題３の本質は「帰納的に考える」ものであり，例題４から例題６の本質は「２通りに計算する」ものであり，例題７から例題９の本質は「対称性を用いる」ものであると分類できる。第３章，第４章，第５章は，この３つの分類にしたがって展開する。

第3章 帰納的に考える発想

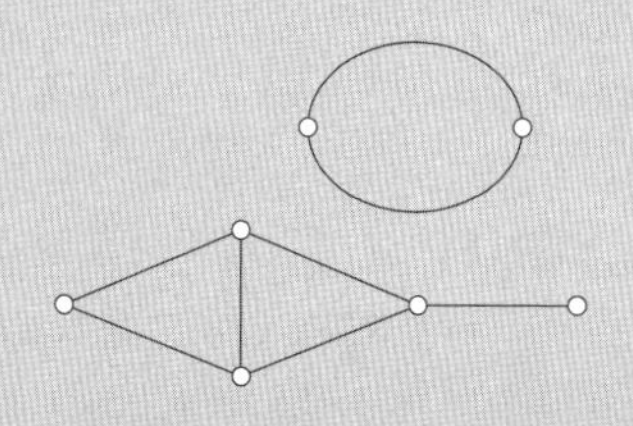

本章では,「帰納的に考えて数える」発想を紹介する。前半では「包含・排除の公式」を含む,数えることに関して有効な公式を紹介する。次に離散数学の大きなテーマである「グラフ」を導入し,グラフ理論の素朴な題材である「木」について,その個数を数える。次に,昔から楽しまれている「オモリの問題」を一般化する。最後に,「偶置換・奇置換の一意性」について,帰納的に考えて数える発想を本質とする証明を述べる。

3.1 組合せに関する基本的な公式

最初に，第 2 章第 2 節の例題 4 を一般化させよう。

mn 個の数 $x_{ij}(i=1, 2, \cdots, m, j=1, 2, \cdots, n)$ に対し，

$$\sum_{i=1}^{m}\sum_{j=1}^{n}x_{ij}=\sum_{i=1}^{m}\left(\sum_{j=1}^{n}x_{ij}\right)$$

と定めることにより，明らかに次の定理が成り立つ。

定理 1　$\displaystyle\sum_{i=1}^{m}\sum_{j=1}^{n}x_{ij}=\sum_{j=1}^{n}\sum_{i=1}^{m}x_{ij}$

なお，添字の部分が 3 つである $\displaystyle\sum_{i=1}^{m}\sum_{j=1}^{n}\sum_{h=1}^{r}x_{ijh}$ などについても同様に考える。

第 2 章第 1 節では二項定理を紹介した。次の定理の（ i ）はその定理で $a=b=1$ としたもので，（ ii ）はその定理で $a=1, b=-1$ としたものである。

定理 2

（ i ）　$\displaystyle\sum_{i=0}^{n}{}_n\mathrm{C}_i=2^n$

（ ii ）　$\displaystyle\sum_{i=0}^{n}{}_n\mathrm{C}_i(-1)^i=0$

定理 3　自然数 n と n 以下の自然数 r に対し，

$$x_1+x_2+\cdots+x_r=n$$

となる自然数 $x_i (i=1, 2, \cdots, r)$ の組 $(x_1, x_2, \cdots, x_r)$ の個数は ${}_{n-1}C_{r-1}$ ある。

証明

たとえば $n=7, r=3$ の場合を考えてみよう。(x_1, x_2, x_3) の組の数は，次のように並んだ７個の玉を左から x_1 個，x_2 個，x_3 個に区切る場合の数と等しいのである（下図は $x_1=2, x_2=2, x_3=3$ の場合である）。

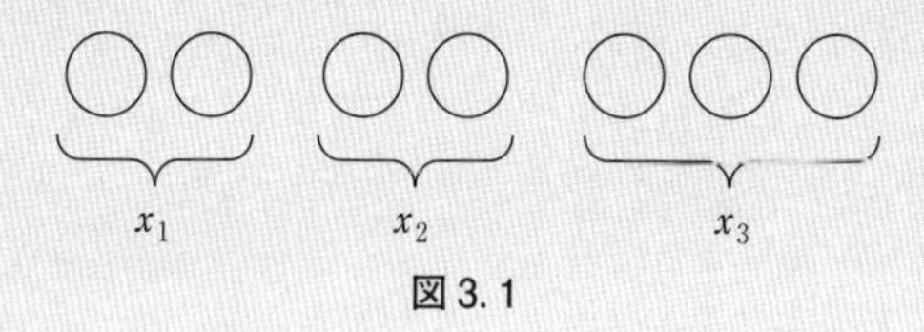

図 3.1

これは，いわゆる植木算の間の個数である６のうち，異なる２ヵ所に縦の点線を書き込む場合の数と等しいので，${}_6C_2$ となる。

上述の考え方を一般の n, r に拡張すれば，定理の結論を得る。

証明終り

定理 4

自然数 n と自然数 r に対し，

$$x_1+x_2+\cdots+x_r = n$$

となる０以上の整数 $x_i (i=1, 2, \cdots, r)$ の組 $(x_1, x_2, \cdots, x_r)$ の個数は ${}_{n+r-1}C_{r-1}$ である。

(((((((((証明

$y_i=x_i+1(i=1,2,\cdots,r)$ とおくと，

$$x_1+x_2+\cdots+x_r=n$$

となる 0 以上の整数 $x_i(i=1,2,\cdots,r)$ の組 $(x_1, x_2, \cdots, x_r)$ の個数は

$$y_1+y_2+\cdots+y_r=n+r$$

となる自然数 $y_i(i=1,2,\cdots,r)$ の組 $(y_1, y_2, \cdots, y_r)$ の個数と等しいことになる。よって定理 3 より，その個数は ${}_{n+r-1}\mathrm{C}_{r-1}$ である。

証明終り)))))))))

いわゆる発見的問題解決法に「類推する」というものがある。a 以上 b 以下の区間 $[a, b](a<b)$ で常に 0 以上の値をとる連続関数 $y=f(x)$ と，$x=a, x=b$，および x 軸とで囲まれた部分の面積は $\int_a^b f(x)dx$ であること（Ⅰ）は証明してあるとする。

このとき，区間 $[a, b](a<b)$ で常に $f(x)\geq g(x)$ となる連続関数 $y=f(x)$ と $y=g(x)$，および $x=a, x=b$ とで囲まれた部分の面積は $\int_a^b \{f(x)-g(x)\}dx$ であること（Ⅱ）の証明は，結論（Ⅰ）から直ちに得られる。それは，十分大きな数 M に対し，関数 $y=f(x)+M$ と $y=g(x)+M$，および $x=a, x=b$ とで囲まれた部分の面積，すなわち

$$\int_a^b \{f(x)+M\}dx-\int_a^b \{g(x)+M\}dx$$

を求めればよいからである。

定理３を用いて定理４を証明する部分と，上の（Ⅰ）から（Ⅱ）を証明する部分は，互いに類推できる関係であろう。

3.2 包含・排除の公式と全射の個数

最初に，第２章第２節の例題１で示した公式を一般化させた定理を述べよう。

定理 1

包含・排除の公式

有限集合 $A_i (i=1, 2, \cdots, n)$ の和集合 $\bigcup_{i=1}^{n} A_i$ について次式が成り立つ。

$$\left|\bigcup_{i=1}^{n} A_i\right| = \sum_{i=1}^{n} |A_i| - \sum_{i<j}^{n} |A_i \cap A_j| + \sum_{i<j<h} |A_i \cap A_j \cap A_h| + \cdots \cdots + (-1)^{n+1} |A_1 \cap A_2 \cap \cdots \cap A_n|$$

証明

$\bigcup_{i=1}^{n} A_i$ の任意の元 x をとる。いま，$\{A_i | 1 \leq i \leq n\}$ のうち，x を含む A_i の個数を r とする。このとき x については，結論の式の右辺において，第１項では x を含む A_i が r 個なので r がカウントされ，第２項では x を含む $A_i \cap A_j$ が ${}_r\mathrm{C}_2$ 個なので ${}_r\mathrm{C}_2$ がカウントされ，第３項では ${}_r\mathrm{C}_3$ がカウントされ，……以下同様。

よって x については，結論の式の右辺において，

$$ {}_rC_1 - {}_rC_2 + {}_rC_3 - \cdots + (-1)^r {}_rC_r $$

がカウントされている。ところが第1節の定理2の（ii）より，上式の値は1である。したがって，xについては結論の式の右辺で1がカウントされていることになる。以上から定理は証明された。

証明終り))))))))

本節では以降，有限集合から有限集合への写像の個数を考えよう。まず，次の定理は易しく分かる。

定理 2

集合 A は $|A|=m$，集合は B は $|B|=n$ を満たすとする。このとき次の（i），（ii）が成り立つ。

（i）A から B への写像の個数は n^m である。

（ii）$m \leq n$ のとき，A から B への単射の個数は ${}_nP_m$ で，とくに $m=n$ のとき ${}_nP_n = n!$ は A から B への全単射の個数である。

((((((((**証明**

$$ A = \{a_1, a_2, \cdots, a_m\}, \quad B = \{b_1, b_2, \cdots, b_n\} $$

とおく。

（i）A から B への写像を考えると，a_1 の像となり得るのは b_1 から b_n の n 個であり，その各々に対し a_2 の像と

なり得るのは b_1 から b_n の n 個であり，……，以下同様にして a_m の像となり得るのは b_1 から b_n の n 個である。したがって，A から B への写像の個数は n^m となる。

（ii）A から B への単射 f を考えると，a_1 の像となり得るのは b_1 から b_n の n 個であり，その各々に対し a_2 の像となり得るのは $f(a_1)$ 以外の $n-1$ 個であり，その各々に対し a_3 の像となり得るのは $f(a_1), f(a_2)$ 以外の $n-2$ 個であり，……，以下同様にして a_m の像となり得るのは $f(a_1), f(a_2), \cdots, f(a_{m-1})$ 以外の $(n-m+1)$ 個である。したがって，A から B への単射の個数は

$$n \times (n-1) \times (n-2) \times \cdots \times (n-m+1)$$

であり，これは ${}_nP_m$ である。

証明終り

次は全射の個数を与える定理であるが，条件として $m \geq n$ が付かないことに留意していただきたい。

定理３　集合 A は $|A|=m$，集合 B は $|B|=n$ を満たすとする。このとき，A から B への全射の個数は

$$\sum_{i=0}^{n} {}_n\mathrm{C}_i\, i^m (-1)^{n-i}$$

で与えられる。

(((((((((証明

$$A = \{a_1, a_2, \cdots, a_m\}, \quad B = \{b_1, b_2, \cdots, b_n\}$$

とおく。また，$i=1, 2, \cdots, n$ 各々に対し，

$$X_i = \{f \mid f \text{ は } A \text{ から } B \text{ への写像，} b_i \notin f(A)\}$$

とおく。このとき，集合 $\bigcup_{i=1}^{n} X_i$ は全射にならない写像全体である。そして，

$$|X_i| = (n-1)^m$$
$$|X_i \cap X_j| = (n-2)^m \quad (i<j)$$
$$|X_i \cap X_j \cap X_h| = (n-3)^m \quad (i<j<h)$$
$$\vdots$$

であるので，定理 1 を用いて

$$\left|\bigcup_{i=1}^{n} X_i\right| = \sum_{j=1}^{n} {}_n\mathrm{C}_j (n-j)^m (-1)^{j+1}$$

となる。ここで，$h=n-j$ とおくと

$$\text{上式右辺} = \sum_{h=0}^{n-1} {}_n\mathrm{C}_{n-h}\, h^m (-1)^{n-h+1}$$

$$= \sum_{h=0}^{n-1} {}_n\mathrm{C}_h\, h^m (-1)^{n-h+1}$$

を得る。いま，定理 2 の（i）より

$$A \text{ から } B \text{ への全射の個数} = n^m - \left|\bigcup_{i=1}^{n} X_i\right|$$

であるから，

$$A\text{ から }B\text{ への全射の個数} = n^m + \sum_{h=0}^{n-1} {}_n\mathrm{C}_h h^m (-1)^{n-h}$$

$$= \sum_{h=0}^{n} {}_n\mathrm{C}_h h^m (-1)^{n-h}$$

となる。

証明終り

例

定理３において，$m=5, n=3$ の場合を考えると，

$$A\text{ から }B\text{ への全射の個数} = \sum_{i=0}^{3} {}_3\mathrm{C}_i i^5 (-1)^{3-i}$$

$$= 0+3-3\cdot 32+243$$

$$= 150$$

を得る。これは，第２章第２節の例題９で求めた結果である。

3.3 グラフ理論の木の個数

図 3.2 のように正多面体は，正四面体，正六面体（立方体），正八面体，正十二面体，正二十面体の５つに限る。

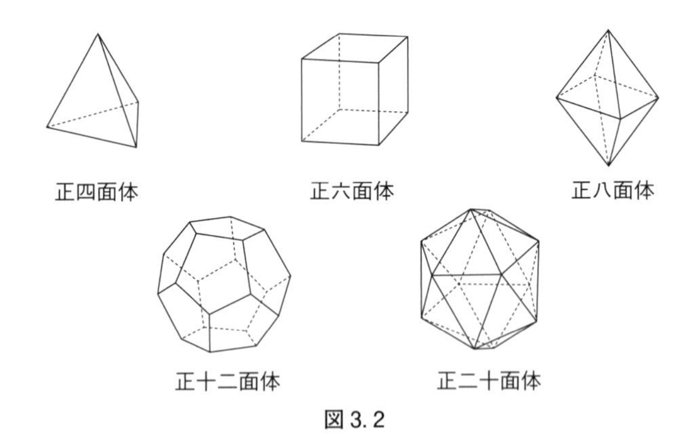

図 3. 2

それらを頂点と辺の関係だけに注目すると，たとえば次のような図が考えられる。

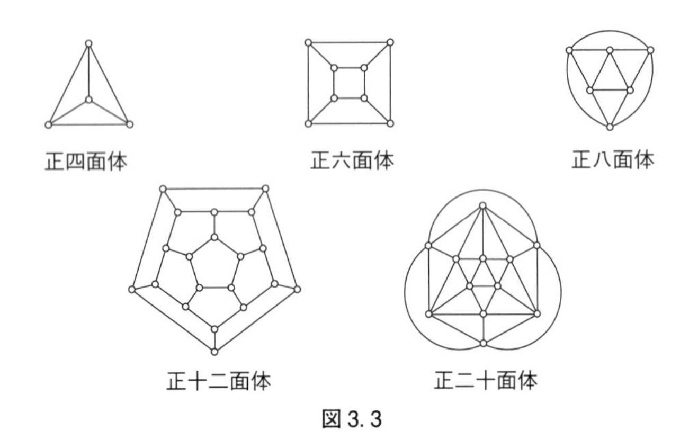

図 3. 3

もちろん，正四面体，正六面体が次の図でも表されるように，表し方はいろいろある。

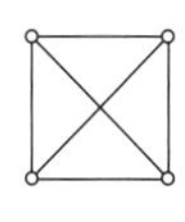

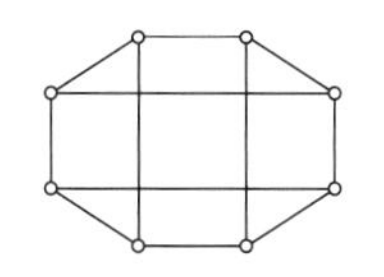

図 3.4

図 3.3 や図 3.4 のように，**頂点**と頂点同士を結ぶいくつかの**辺**（線）から成り立つものを**グラフ**という。グラフ Γ に対し，その頂点の集合を $V\Gamma$, 辺の集合を $E\Gamma$ と書く。2 つの頂点 u と v が辺により結ばれているとき，u と v は**隣接**しているといい，その辺を $\{u, v\}$ で表す。もちろん，$\{u, v\}$ と $\{v, u\}$ は同じ辺を意味する。

なおグラフというときは，1 つの頂点とそれ自身を結ぶ辺，および 2 つの頂点を結ぶ 2 本以上の辺は考えないものとする（図 3.5 参照）。

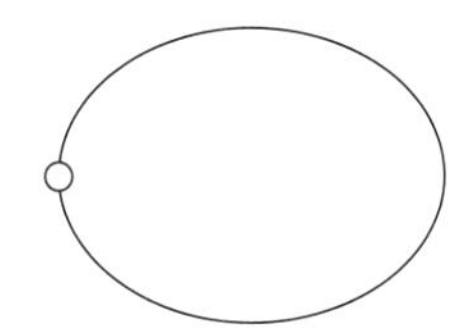

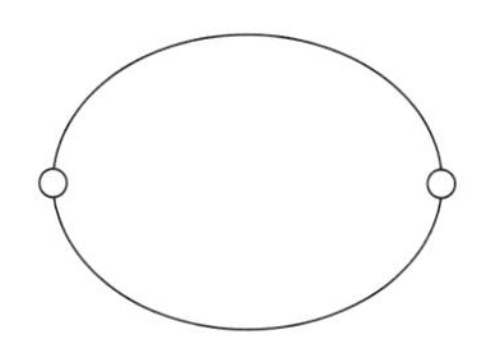

図 3.5

例 1

$$V\Gamma = \{v_1, v_2, v_3, v_4, v_5, v_6, v_7, v_8\}$$

$$E\Gamma = \left\{\begin{matrix}\{v_1, v_2\}, \{v_1, v_3\}, \{v_2, v_3\}, \{v_2, v_4\}, \{v_2, v_5\}, \\ \{v_3, v_4\}, \{v_3, v_5\}, \{v_4, v_5\}, \{v_4, v_6\}, \{v_6, v_7\}\end{matrix}\right\}$$

で表されるグラフ Γ を図示すると，たとえば次のように表される。

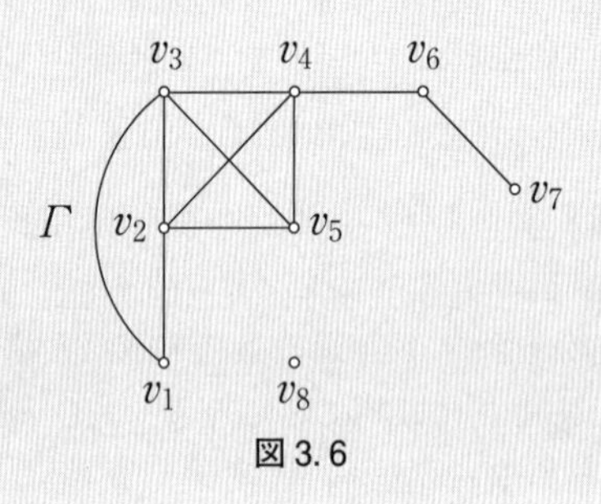

図 3.6

グラフ Γ' がグラフ Γ の**部分グラフ**であるとは，

$$V' \subseteq V, \quad E' \subseteq E$$

のときにいう。

たとえば例 1 のグラフ Γ において，

$$V' = \{v_1, v_2, v_3, v_4, v_5\}$$

$$E' = \begin{Bmatrix} \{v_1, v_2\}, \{v_1, v_3\}, \{v_2, v_3\}, \\ \{v_2, v_4\}, \{v_3, v_4\}, \{v_4, v_5\} \end{Bmatrix}$$

で与えられるグラフ Γ' は Γ の部分グラフである（図 3.7 参照）。

Γ をグラフ，v を Γ の頂点とするとき，v と隣接している頂点の個数を v の**次数**といい，$\deg(v)$ で表す。とくに $\deg(v)=1$ のとき，v を Γ の**葉**という。例 1 のグラフにおいて，v_7 は葉であって，

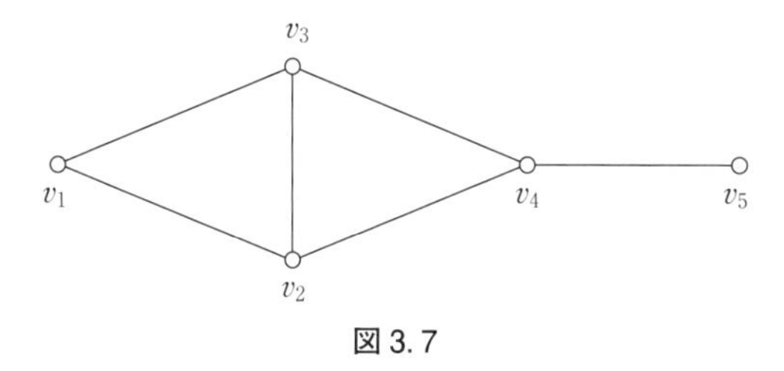

図３.７

$$\deg(v_1) = 2, \quad \deg(v_3) = 4, \quad \deg(v_8) = 0$$

が成り立つ。

Γ をグラフ，u と v を Γ の異なる２頂点とする。u と v をいくつかの辺を繋げて結ぶことができないとき，u と v の**距離**は ∞（無限）であると定める。一方，u と v をいくつかの辺を繋げて結ぶことができるとき，その最小の辺の本数を u と v の**距離**と定め，$d(u, v)$ で表す。また，同一頂点同士の**距離**は０と定める。もし Γ の任意の２頂点間の距離が有限のとき，Γ を**連結**（な）グラフという。

例１のグラフにおいて，

$$d(v_1, v_7) = 4, \quad d(v_1, v_8) = \infty, \quad d(v_5, v_5) = 0$$

である。例１の Γ は連結でないが，$V\Gamma$ の定義から v_8 を除き，$E\Gamma$ の定義は変更しないならば，その Γ は連結グラフになる。また，例１の部分グラフとして示したグラフ Γ' も連結グラフである。

一般にグラフ Γ において，頂点の列

$$P = (v_0, v_1, v_2, \cdots, v_s)$$

は $\{v_{i-1}, v_i\} \in E\Gamma\,(i=1, 2, \cdots, s)$ のとき，長さ s の**道**という。道 P は Γ の部分グラフと見ることができ，とくに $v_0=v_s$ で $(s \geq 3)$，P を構成する頂点のうちで一致するものが $v_0=v_s$ だけのとき，P を長さ s の**サイクル**という。

例 1 において，

$$(v_1, v_3, v_4, v_5, v_2, v_1), \quad (v_2, v_3, v_4, v_2)$$

はそれぞれ長さ 5, 3 のサイクルである。

今までの準備のもとで，本節の中心課題である**木**に入ろう。木はサイクルをもたない連結グラフで，グラフ理論では重要な概念である。

頂点集合が $\{a, b, c, d\}$ からなる木は，具体的に調べることにより以下の 16 個であることが分かる。

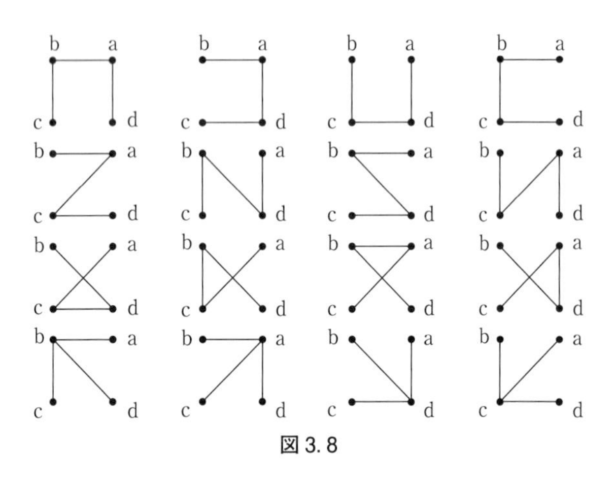

図 3.8

上の例で $16=4^{4-2}$ であるが，これを一般化した次の定理を証明することが，本節の目標である。

定理 1

ケイリーの定理

頂点集合が

$$\{v_1, v_2, \cdots, v_n\}$$

である木の個数は n^{n-2}。ただし $v_1, v_2, \cdots, v_n$ は互いに異なるとする。

定理１の準備として，定理 2, 3 を証明しよう。そのために，グラフの連結成分という言葉を定義する。

グラフ Γ の連結部分グラフで極大なものを Γ の**連結成分**という。次のグラフは３つの連結成分をもつグラフである。

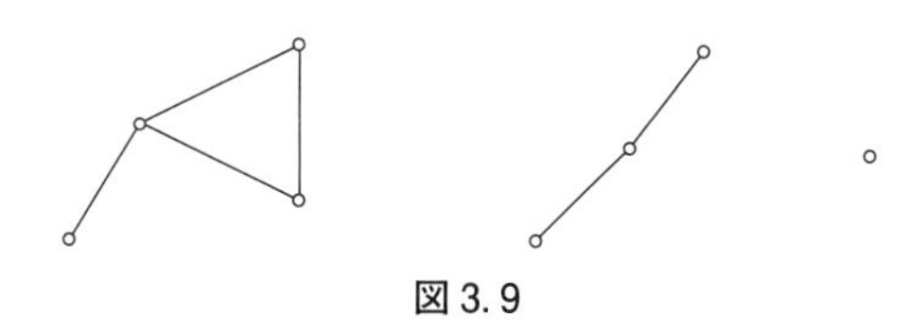

図 3.9

定理 2

頂点の個数が２以上の木は少なくとも２つの葉をもつ。

証明

Γ を n 個の頂点からなる木とする ($n \geq 2$)。Γ はサイクルをもたないので，Γ から１つの辺 $\{u, v\}$ だけを取り除いた部分グラフ Γ_1 を考えると（頂点 u, v は残す），Γ_1 は２つの連結成分からなる Γ の部分グラフになる。それら2つの連結成分はもちろんサイクルをもたないので，それらはどちらも木である。

同様に考えて，Γ_1 から1つの辺だけを取り除いた部分グラフ Γ_2 を考えると，Γ_2 は3つの連結成分からなる Γ の部分グラフになる。

上の議論を続けていくことにより，Γ_{n-1} は n 個の連結成分からなる Γ の部分グラフになる。ところが $|V\Gamma|=n$ であるから，Γ_{n-1} は辺の無い n 個の頂点だけの部分グラフになる。

よって，$|E\Gamma|=n-1$ が導かれたことになる。それゆえ，

$$\sum_{x \in V\Gamma} \deg(x) = |E\Gamma| \times 2 = 2(n-1)$$

が成り立つから（第4章第1節を参照），もし Γ に葉が2つ以上存在しないならば，

$$\sum_{x \in V\Gamma} \deg(x) \geq 2n-1$$

となって矛盾である。

証明終り

定理 3

$n \geq 2$ のとき，次の等式が成り立つ。

$$n^{n-2} = \sum_{i=0}^{n-1} {}_n\mathrm{C}_i \, i^{n-2}(-1)^{n-i+1}$$

証明

本章第2節の定理3において，$m=n-2$ の場合は全

射の個数が０なので，

$$\sum_{i=0}^{n-1} {}_nC_i i^{n-2}(-1)^{n-i}+n^{n-2}=0$$

となる。よって，結論の等式を得る。

証明終り)))))))

(((((((定理１の証明

頂点集合が $\{1, 2, \cdots, n\}$ である木の総数を $t(n)$ で表す。まず下図より，$n=1, 2$ のとき定理は成り立つ。

$(n=1)$　　　$(n=2)$

図 3. 10

数学的帰納法を用いることを考えて，$n \geqq 3$ とし，$n-1$ 以下では定理１が成り立つとする。

各 $i=1, 2, \cdots, n$ に対し，L_i を頂点 i が葉となる木の全体の集合とする。定理２より木は必ず葉をもつから，次式を得る。

$$t(n)=|L_1 \cup L_2 \cup \cdots \cup L_n|$$

ここで，包含・排除の公式を用いると，

$$t(n)=\sum_{i=1}^{n}|L_i|-\sum_{i<j}|L_i \cap L_j|+\sum_{i<j<h}|L_i \cap L_j \cap L_h|$$
$$+\cdots+(-1)^{n+1}|L_1 \cap L_2 \cap \cdots \cap L_n|$$

となる。

いま，$\{1, 2, \cdots, i-1, i+1, \cdots, n\}$ を頂点集合とする木の全体を $\triangle_1, \triangle_2, \cdots, \triangle_s$ とすると $(s=t(n-1))$，各 $\triangle_h$ のどの頂点 v に対しても，i と v を結ぶ辺を付け加えると，$\{1, 2, \cdots, n\}$ を頂点集合，i を葉とする木になる。その作り方において，v を $\triangle_h$ の他の頂点 v' に替えると，明らかに $\{1, 2, \cdots, n\}$ を頂点集合，i を葉とする他の木になる。

逆に，L_i から頂点 i および i と隣接する辺を取り除くと，それは $\triangle_1, \triangle_2, \cdots, \triangle_s$ のどれかである。

以上から，

$$|L_i| = (n-1)t(n-1)$$

が成り立つ。

次に $i<j$ に対し，$\{1, 2, \cdots, i-1, i+1, \cdots, j-1, j+1, \cdots, n\}$ を頂点とする木の全体を $\triangle_1, \triangle_2, \cdots, \triangle_q$ とすると $(q=t(n-2))$，各 $\triangle_h$ のどの頂点 u, v に対しても $(u=v$ も許す$)$，i と v を結ぶ辺と j と v を結ぶ辺を付け加えると，$\{1, 2, \cdots, n\}$ を頂点集合，i と j を葉とする木になる。その作り方において，(u, v) を $\triangle_h$ の他の頂点の組 (u', v') にすると，明らかに $\{1, 2, \cdots, n\}$ を頂点集合，i と j を葉とする他の木になる。

逆に，$L_i \cap L_j$ から頂点 i と j および i と j に隣接する辺を取り除くと，それは $\triangle_1, \triangle_2, \cdots, \triangle_q$ のどれかである。

以上から，

$$|L_i \cap L_j| = (n-2)^2 t(n-2)$$

が成り立つ $(i<j)$。

以下，同様にして，

$$|L_i \cap L_j \cap L_h| = (n-3)^3 t(n-3) \quad (i<j<h)$$
$$\vdots$$

が成り立つ。したがって，

$$t(n) = \sum_{k=1}^{n-1} {}_n\mathrm{C}_k (n-k)^k t(n-k)(-1)^{k+1}$$

を得る。ここで $n \geqq 3$ と数学的帰納法の仮定を用いて，

$$\begin{aligned}
\text{上式右辺} &= \sum_{k=1}^{n-1} {}_n\mathrm{C}_k (n-k)^k (n-k)^{n-k-2} (-1)^{k+1} \\
&= \sum_{k=1}^{n} {}_n\mathrm{C}_k (n-k)^{n-2} (-1)^{k+1} \\
&= \sum_{i=0}^{n-1} {}_n\mathrm{C}_{n-i}\, i^{n-2} (-1)^{n-i+1} \quad (i=n-k) \\
&= \sum_{i=0}^{n-1} {}_n\mathrm{C}_i\, i^{n-2} (-1)^{n-i+1}
\end{aligned}$$

となる。それゆえ定理３を用いて，結論を得る。

証明終り

3.4 ハノイの塔と13個のオモリ問題

昔から，子どもから大人まで試行錯誤を楽しむ，処理回数に関する問題はいろいろある。その中で，ハノイの塔と13個のオモリ問題は有名である。前者の拡張は簡単であるが，後者は少し難しい。

ハノイの塔に関しては様々な言い伝えがある。以下のゲームを $n=64$ として行い，「作業が完了したらこの世は終る」というものもあれば，「作業を途中で中断したらこの世は終る」というのもある。最初に，このゲームのルールを一般の自然数 n について述べよう。

大きさが互いに異なる n 枚の中央に穴のあいた円盤と，それらの穴を通すことができる3本の柱 A, B, C がある。いまそれらすべての円盤を A の柱に，下から大きい順に並べるように通しておく。1回につき1枚ずつ円盤を移動させ，最後にすべての円盤を B の柱に移動させる問題であるが，各円盤は移動したときに必ず A, B, C どれかの柱に通さなくてはならない。さらにいかなるときでも，各円盤の上にはより小さい円盤しか載せられないとする。

次の定理が成り立つことを以下，説明しよう。

定理 1

n 枚の円盤からなるハノイの塔は 2^n-1 回の操作で完成させることができ，またそれが最短の操作回数である。

証明

$n=1, 2$ のとき，定理の成立は明らかである。

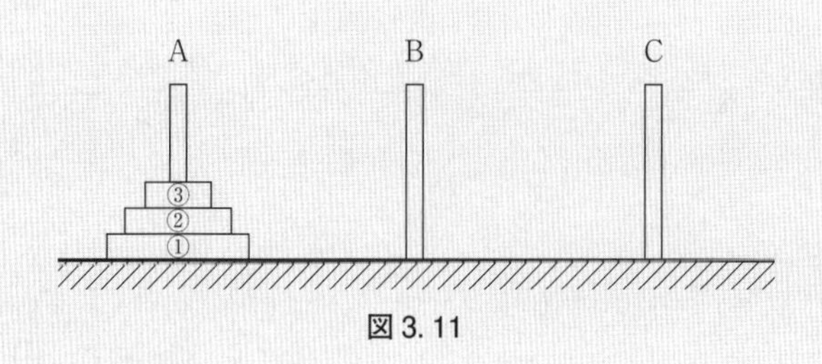

図 3. 11

上の図は $n=3$ の場合であり，次のように行えばよい。まず，ある段階で①を B に移すときが来る。そのとき，他の２枚の②と③は，C にあることになる。そして，最初から（最短の）３回で②と③を C に移すことができる。それは，１回目に③を B，２回目に②を C，３回目に③を C に移すのである。そして，次に①を B に移す。その後は C にある②と③を，１回目から３回目までと同様にして B に移せばよいので，残り３回で②と③を B に移して完成する。いま示した操作の合計回数は，最短の

$$3+1+3=7$$

となる。上式は，

$$(2^2-1)+1+(2^2-1)=2^3-1$$

と同じことに留意する。

$n=4$ の場合には（最短の）7 回で，①より小さい円盤はすべて C にある状態になることが，$n=3$ の場合より分かる。そして，①を B に移した後は，C にある①より小さい円盤をすべて B に移せばよい。よって $n=4$ の場合には，残り（最短の）7 回で完成することになる。したがって，$n=4$ の場合の合計操作回数は，最短の

$$(2^3-1)+1+(2^3-1) = 2^4-1$$

となる。

以下，同様に考えれば定理 1 の成立が分かる。

証明終り))))))))

次に，13 個のオモリ問題を説明し，その後にそれを一般化させよう。

問題

外見が同一のオモリが 13 個あり，そのうちの 1 つだけ他と重さが違うとする。それは他と比べて軽いか重いかは分かっていない。天秤を 3 回使ってそのオモリを決定する方法を述べよ。

最初は，4 個のオモリの集合 S と 4 個のオモリの集合 T で比べる。その他の 5 個のオモリの集合を U とする。

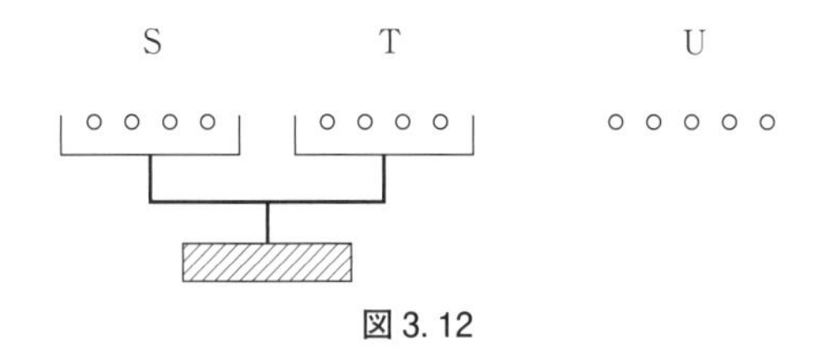

図 3.12

・1 回目に釣り合った場合。

正常と分かった 3 個のオモリと U の 3 個のオモリで，2 回目を比べる。これで（天秤がどちらかに）動けば，たとえば U の 3 個が上に動けば，その U の 3 個に軽いものがあるので，あと 1 回で決定できる。2 回目でも動かなければ，最後の 1 回は，正常な 1 個と U の他の 2 個のうちの 1 個を比べればよい。

・1 回目に釣り合わなかった場合。

一般性を失わずに，S が上がって T が下がったとする。2 回目は，天秤の左に S から 3 個のオモリ，および T から 1 個のオモリを載せ，天秤の右には S から 1 個のオモリ，および U から正常な 3 個のオモリを載せる。このとき次の（ア），（イ），（ウ）に分けて考える。

（ア）左が上がって右が下がる場合。
　　左に載せた S からの 3 個のオモリに軽いものがあるので，あと 1 回で違うオモリを決定できる。

（イ）釣り合う場合。
　　2 回目に載せなかった T の 3 個のオモリに重いもの

があるので，あと１回で違うオモリを決定できる。

（ウ）左が下がって右が上がる場合。

この状況では，２回目に左に載せたＴの１個のオモリか右に載せたＳの１個のオモリが違うものになるので，あと１回で違うオモリを決定できる。

上の問題は，定理３のように一般化することができる。なお，定理３の証明には定理２の結果を用いる。

定理 2

n を自然数とし，外見が同一のオモリが 3^n 個ある。そのうちの１つだけ他と重さが違うとし，それは他と比べて軽いか重いかは分かっている。このとき，天秤を n 回使ってそのオモリを決定することができる。

証明

一般性を失わずに，他と違うオモリは重いとし，n に関する数学的帰納法で証明する。

$n=1$ のとき，１個と１個で比べればよい。

$n=k$ のとき定理は成り立つとして，オモリが 3^{k+1} 個ある場合を考える。このとき，最初は 3^k 個のオモリと 3^k 個のオモリを比べればよい。どちらかが下がれば下がった方に違うオモリがあり，釣り合えば残りの 3^k 個のオモリの中に違うものがある。後は数学的帰納法の仮定を用いればよい。

証明終り

定理３

nを自然数とし，外見が同一のオモリが $\frac{3^{n+1}-1}{2}$ 個ある。そのうちの１つだけ他と重さが違うとし，それは他と比べて軽いか重いかは分かっていない。このとき，天秤を$n+1$回使ってそのオモリを決定することができる。

証明

$n=1$のとき，全部のオモリをA,B,C,Dとする。最初はAとBで比べる。AとBが釣り合ったら，２回目はAとCで比べる。これが釣り合わなかったらCが違うオモリで，釣り合ったらDが違うオモリである。また，１回目にAとBが釣り合わなくても２回目はAとCで比べる。これが釣り合わなかったらAが違うオモリで，釣り合ったらBが違うオモリである。

$n=k\geq 1$のとき定理３は成り立つとして，オモリが $\frac{3^{k+2}-1}{2}$ 個ある場合を考える。いま，

$$\frac{3^{k+1}-1}{2}+\frac{3^{k+1}-1}{2}+\frac{3^{k+1}+1}{2}=\frac{3^{k+2}-1}{2}$$

であることに注目し，最初は $\frac{3^{k+1}-1}{2}$ 個のオモリの集合Sと $\frac{3^{k+1}-1}{2}$ 個のオモリの集合Tで比べ，それ以外の $\frac{3^{k+1}+1}{2}$ 個のオモリの集合をUとする。

・１回目に釣り合った場合。

正常と分かった方の3^k個のオモリと，Uにある3^k個のオモリを比べる。これで（天秤がどちらかに）動けば，Uから取った3^k個のオモリに定理2を使うことができ，あとk回で違うオモリを決定できる。もし，それが釣り合えば，Uにある残りは

$$\frac{3^{k+1}+1}{2}-3^k=\frac{3^k+1}{2}\quad (個)$$

である。その集合をU′として，次に正常な3^{k-1}個のオモリと，U′にある3^{k-1}個のオモリを比べる。これで動けば，U′から取った3^{k-1}個のオモリに定理2を使うことができ，あと$k-1$回で違うオモリを決定できる。もし，それが釣り合えば，U′にある残りは

$$\frac{3^k+1}{2}-3^{k-1}=\frac{3^{k-1}+1}{2}\quad (個)$$

であるが，その集合をU″として，以下同じく繰り返す。定理2を使う状況に入らずに，正常な1個と他の1個を比べる最後の比較まで釣り合えば，最後に残された1個が違うオモリとなる。また正常な1個と他の1個を比べる最後の比較で動けば，そのオモリが違うことになる。

・1回目に釣り合わなかった場合。

一般性を失わずに，Sが上がってTが下がったとする。2回目は，天秤の左にはSから3^k個のオモリ，およびTから$\frac{3^k-1}{2}$個のオモリを載せ，天秤の右にはSか

ら $\frac{3^k-1}{2}$ 個のオモリ，およびUから正常な 3^k 個のオモリを載せる。このとき次の（ア），（イ），（ウ）に分けて考える。

（ア）左が上がって右が下がる場合。
左に載せたSからの 3^k 個のオモリに軽いものがあるので，定理2を使って，あと k 回で違うオモリを決定できる。

（イ）釣り合った場合。
2回目に載せなかったTの 3^k 個のオモリに重いものがあるので，定理2を使って，あと k 回で違うオモリを決定できる。

（ウ）左が下がって右が上がる場合。
この状況では，2回目に右に載せたSからの $\frac{3^k-1}{2}$ 個のオモリに軽いものがあるか，2回目に左に載せたTからの $\frac{3^k-1}{2}$ 個のオモリに重いものがある。この状況は，1回目に $\frac{3^{k+1}-1}{2}$ 個のオモリの集合Sが上がって，$\frac{3^{k+1}-1}{2}$ 個のオモリの集合Tが下がった状況の，$k+1$ を k にした状況と一致する。そこで，1回目に釣り合わなかった場合の議論を，k を $k-1$ にして繰り返すのである。どこかの段階で（ア）か（イ）に相当する状況に入れば終わりである。また最後まで続いて（ウ）に相当する状況に繰り返し入った場合は，元々からSにあった最後の1個のオモリが軽いか，元々からTにあった最後の1個のオモリが重いか，そのどちらかという状況になる。最後に，そのどちらか1個のオモリと正常なオモリを比べればよい。

いずれにしろ，天秤をのべ$k+2$回使って，重さの違うオモリを決定したことになるので，（数学的帰納法によって）定理3は証明されたことになる。

証明終り))))))))

3.5 偶置換・奇置換の一意性の証明その1

初めに，第1章第2節と第2章第2節で学んだ集合や写像に関するいろいろな用語の続きを述べよう。

X, Yを集合とし，fをXからYへの写像とする。Yの元bに対し，Xの部分集合

$$\{x \in X \mid f(x) = b\}$$

を，fによるbの**逆像**といい，$f^{-1}(b)$で表す。もちろん，fの値域にbが属していなければ，fによるbの逆像は空集合になる。

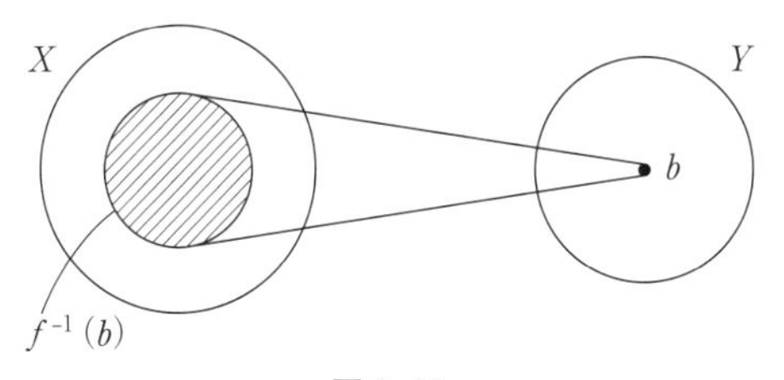

図 3.13

ここで，像と逆像に関して，それぞれ以下のように拡張しておく。X の部分集合 A に対し，

$$\{f(x) \mid x \in A\}$$

を f による A の**像**といい，$f(A)$ で表す。また，Y の部分集合 B に対し，

$$\{x \in X \mid f(x) \in B\}$$

を f による B の**逆像**といい，$f^{-1}(B)$ で表す。明らかに，X の元 a と Y の元 b に対し，

$$\{f(a)\} = f(\{a\}), \quad f^{-1}(b) = f^{-1}(\{b\})$$

が成り立つ。

次に，集合 A, B, C と写像

$$f : A \to B, \quad g : B \to C$$

が与えられているとき，A の各元 x に対して $g(f(x))$ を対応させる A から C への写像を f と g の**合成写像**，あるいは単に f と g の**合成**といい，$g \circ f$ で表す。ここで，f と g の順番に注意する。

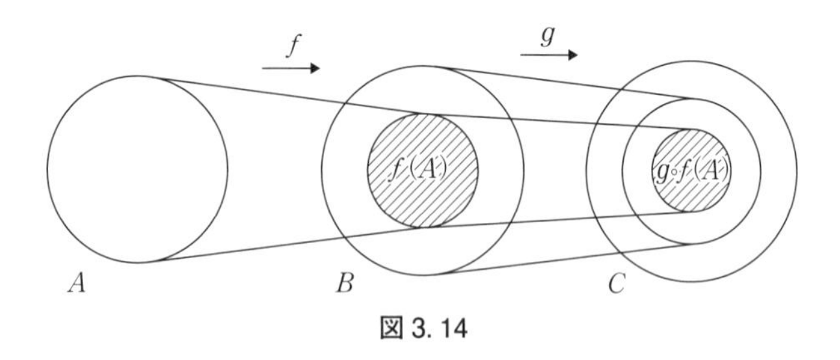

図 3.14

集合 A, B, C, D と写像

$$f : A \to B, \quad g : B \to C, \quad h : C \to D$$

が与えられているとき，**結合法則**

$$(h \circ g) \circ f = h \circ (g \circ f) \quad \cdots\cdots \text{（I）}$$

が成り立つ。実際，A の各元 x に対して，

$$((h \circ g) \circ f)(x) = (h \circ g)(f(x)) = h(g(f(x)))$$
$$(h \circ (g \circ f))(x) = h((g \circ f)(x)) = h(g(f(x)))$$

となるので（I）が成り立つ。それを踏まえて（I）の形の合成写像を

$$h \circ g \circ f$$

と表すことが普通である。

集合 X から集合 Y への全単射 f に関し，Y の各元 y に対して $f^{-1}(y)$ はただ１つの元からなる集合である。すなわち，

$$f(x) = y$$

となる元 x がただ１つ存在するので，そのような対応によって，Y の各元 y に対して X の元 x を対応させることにより，Y から X への全単射 g が定まる。この g を f の**逆写像**といい，f^{-1} で表す。明らかに

$$(f^{-1})^{-1} = f$$

すなわち逆写像の逆写像は元の写像になる。

集合 X から Y への全単射のうち，とくに $X=Y$ であるものを X 上の**置換**という。明らかに，X の各元 x を x 自身に対応させる写像も X 上の置換であるが，これをとくに X 上の**恒等写像**，あるいは X 上の**恒等置換**という。本書では，恒等置換を e で表すことにする。

集合 X 上の置換のうち，とくに X の異なる２つの元 α と β の取り替えになっているものを X 上の**互換**といい，記号 $(\alpha\ \beta)$ で表す。すなわち互換 $(\alpha\ \beta)$ は，α を β に移し，β を α に移し，その他の元 γ を γ 自身に移す X 上の置換である。

例

次のあみだくじは，1, 2, 3, 4, 5 の像がそれぞれ 4, 2, 5, 1, 3 となる $X=\{1, 2, 3, 4, 5\}$ 上の置換と見なすことができ，それは互換ア，イ，ウ，エ，オ，カの合成写像

$$\begin{aligned}&\text{カ}\circ\text{オ}\circ\text{エ}\circ\text{ウ}\circ\text{イ}\circ\text{ア}\\&\quad = (1\ 2)\circ(3\ 4)\circ(4\ 5)\circ(2\ 3)\circ(3\ 4)\circ(1\ 2)\end{aligned}$$

と考えられる（写像の合成の順番に注意）。

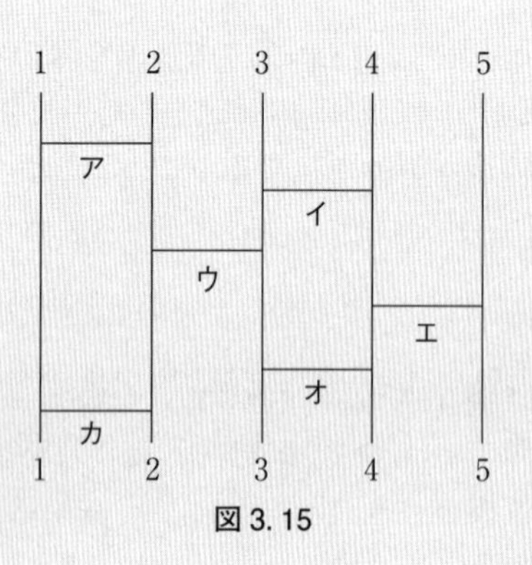

図 3. 15

以下，有限集合上の置換を考えるが，その有限集合に関して各元の名は大したことではない。実際，その集合が {あ, い, う, え, お} であっても，{1, 2, 3, 4, 5} であっても，それらの上の置換を考えるとき，数学としての関心事には変わりがない。そこで以下，n 個の元からなる集合

$$\Omega = \{1, 2, 3, \cdots, n\}$$

上の置換を考えることにする。

Ω 上の置換の記法であるが，任意の置換 f に対し，

$$f = \begin{pmatrix} 1 & 2 & 3 & \cdots & n \\ f(1) & f(2) & f(3) & & f(n) \end{pmatrix}$$

で表すことが一般的である。ここで，$f(1), f(2), \cdots, f(n)$ はすべて異なるので，Ω 上の置換全体の総数は $1, 2, \cdots, n$ の順列の総数と等しくなって，それは $n!$ である。具体的に，上

の例の置換は

$$\begin{pmatrix} 1 & 2 & 3 & 4 & 5 \\ 4 & 2 & 5 & 1 & 3 \end{pmatrix}$$

と表せる。

Ωの $t(\geq 2)$ 個の異なる元 $\alpha_1, \alpha_2, \cdots, \alpha_t$ に対し，

$$\sigma(\alpha_\iota) = \alpha_{\iota+1} \ (\iota=1, 2, \cdots, t-1), \quad \sigma(\alpha_t) = \alpha_1,$$
$$\sigma(\beta) = \beta(\beta \in \Omega - \{\alpha_1, \alpha_2, \cdots, \alpha_t\})$$

を満たすΩ上の置換を，長さ t の**巡回置換**といい，記号

$$(\alpha_1 \ \alpha_2 \ \alpha_3 \ \cdots \ \alpha_t) \text{ または } (\alpha_1, \alpha_2, \alpha_3, \cdots, \alpha_t)$$

で表す。とくに，長さ2の巡回置換は互換である。

なお便宜上，Ωの任意の元 α に対し，長さ1の巡回置換として扱う (α) は恒等置換を表すものとする。

例

$\Omega=\{1, 2, 3, 4, 5, 6\}$ のとき，次の式が成り立つ。

$$\begin{pmatrix} 1 & 2 & 3 & 4 & 5 & 6 \\ 2 & 6 & 1 & 4 & 3 & 5 \end{pmatrix} \circ \begin{pmatrix} 1 & 2 & 3 & 4 & 5 & 6 \\ 6 & 5 & 4 & 3 & 1 & 2 \end{pmatrix} = \begin{pmatrix} 1 & 2 & 3 & 4 & 5 & 6 \\ 5 & 3 & 4 & 1 & 2 & 6 \end{pmatrix}$$

$$(2 \ 5) \circ (2 \ 5) = e$$

$$\begin{aligned} (1 \ 2) \circ (2 \ 3) &= \begin{pmatrix} 1 & 2 & 3 & 4 & 5 & 6 \\ 2 & 1 & 3 & 4 & 5 & 6 \end{pmatrix} \circ \begin{pmatrix} 1 & 2 & 3 & 4 & 5 & 6 \\ 1 & 3 & 2 & 4 & 5 & 6 \end{pmatrix} \\ &= \begin{pmatrix} 1 & 2 & 3 & 4 & 5 & 6 \\ 2 & 3 & 1 & 4 & 5 & 6 \end{pmatrix} \\ &= (1 \ 2 \ 3) \end{aligned}$$

$(1\ 2\ 3)\circ(1\ 3\ 2) = e$

定理 1

$\Omega=\{1, 2, \cdots, n\}$ 上の任意の置換 f は，いくつかの巡回置換 $g_1, g_2, \cdots, g_k$ の合成写像として表される。ここで，$1\leq i<j\leq k$ のとき，

$$g_i = (\alpha_1, \alpha_2, \cdots, \alpha_s), \quad g_j = (\beta_1, \beta_2, \cdots, \beta_t)$$

とおくと，

$$\{\alpha_1, \alpha_2, \cdots, \alpha_s\} \cap \{\beta_1, \beta_2, \cdots, \beta_t\} = \phi$$

である。また，$g_1, g_2, \cdots, g_k$ の写像の合成に関する順番は問わない。

証明

最初に，任意の自然数 m と Ω の任意の元 α に対し，

$$f^m(\alpha) = f(f(\cdots(f(\alpha))\cdots))$$
（α に対し f を m 回続けて作用）

と定める。また，$f^0(\alpha)=\alpha$ と定める。いま，

$$1, f(1), f^2(1), f^3(1), \cdots$$

という Ω の元の列を考えると，$1, f(1), f^2(1), \cdots, f^{u-1}(1)$ はすべて異なって，$f^u(1)=1$ となる自然数 u が存在する。なぜならば，もしそのような u がないとすると，Ω は有限集合だから，

$$f^{v-1}(1) \neq f^{w-1}(1) \text{ かつ } f^{v}(1) = f^{w}(1)$$

となる自然数 $v, w (v<w)$ が存在する。

しかしながら，これは f が単射であることに反して矛盾。よって，$1, f(1), f^2(1), \cdots, f^{u-1}(1)$ はすべて異なって，$f^u(1)=1$ となる自然数 u が存在する。そこで，f は集合

$$A_1 = \{1, f(1), f^2(1), \cdots, f^{u-1}(1)\}$$

上では長さ u の巡回置換

$$g_1 = (1, f(1), f^2(1), \cdots, f^{u-1}(1))$$

として作用している。

$A_1=\Omega$ ならば，f は１つの巡回置換として表されたことになる。$A_1 \subsetneq \Omega$ のときは，$\Omega - A_1$ の元のうち最小なものを a とする。この a に対しても，

$$a, f(a), f^2(a), f^3(a), \cdots$$

という Ω の元の列を考えると，1 に対する場合と同様にして，$a, f(a), f^2(a), \cdots, f^{r-1}(a)$ はすべて異なるが，$f^r(a)=a$ となる自然数 r が存在する。よって，f は集合

$$A_2 = \{a, f(a), f^2(a), \cdots, f^{r-1}(a)\}$$

上では長さ r の巡回置換

$$g_2 = (a, f(a), f^2(a), \cdots, f^{r-1}(a))$$

として作用している。ここで，$A_1 \cap A_2 = \phi$ に注意する。

$A_1 \cup A_2$ が Ω と一致するならば，f は2つの巡回置換の合成 $g_1 \circ g_2$ として表されたことになる。$A_1 \cup A_2$ が Ω と一致しないならば，$\Omega - (A_1 \cup A_2)$ の元のうち最小なものを b とする。この b に対しても，a と同様なことを行う。

以上を繰り返し行えば，f はいくつかの巡回置換 $g_1, g_2, \cdots, g_k$ の合成置換

$$g_1 \circ g_2 \circ \cdots \circ g_k$$

として表されることが分かる。ただし，k は n 以下の自然数で，$1 \leq i < j \leq k$ のとき，

$$g_i = (\alpha_1, \alpha_2, \cdots, \alpha_s), \quad g_j = (\beta_1, \beta_2, \cdots, \beta_t)$$

とおくと，

$$\{\alpha_1, \alpha_2, \cdots, \alpha_s\} \cap \{\beta_1, \beta_2, \cdots, \beta_t\} = \phi$$

である。それゆえ，$g_1, g_2, \cdots, g_k$ が動かす Ω の元は互いに共通部分はないので，$g_1, g_2, \cdots, g_k$ の写像の合成に関する順番は問わないのである。

証明終り)))))))

例

$$\begin{pmatrix} 1 & 2 & 3 & 4 & 5 & 6 & 7 & 8 & 9 \\ 3 & 6 & 4 & 5 & 1 & 2 & 7 & 9 & 8 \end{pmatrix}$$
$$= (1\ 3\ 4\ 5)\circ(2\ 6)\circ(7)\circ(8\ 9)$$
$$= (1\ 3\ 4\ 5)\circ(2\ 6)\circ(8\ 9)$$

$$\begin{pmatrix} 1 & 2 & 3 & 4 & 5 & 6 & 7 & 8 & 9 \\ 6 & 4 & 3 & 2 & 5 & 9 & 1 & 7 & 8 \end{pmatrix}$$
$$= (1\ 6\ 9\ 8\ 7)\circ(2\ 4)\circ(3)\circ(5)$$
$$= (1\ 6\ 9\ 8\ 7)\circ(2\ 4)$$

定理２

$\Omega=\{1, 2, 3, \cdots, n\}$上の任意の置換$f$は，いくつかの互換$h_1, h_2, \cdots, h_l$の合成写像$h_1\circ h_2\circ\cdots\circ h_l$として表される。

証明

定理１より

$$f = g_1\circ g_2\circ\cdots\circ g_k$$

となる巡回置換$g_1, g_2, \cdots, g_k$がある。したがって，任意の巡回置換gがいくつかの互換の合成として表されることを示せばよい。

いま，

$$g = (a_1\ a_2\ a_3\ \cdots\ a_t)$$

とすると，次の式が成り立つことが分かる。

$$g = (a_1\ a_t)\circ(a_1\ a_{t-1})\circ\cdots\circ(a_1\ a_3)\circ(a_1\ a_2)$$

よって，定理2が証明された。

証明終り))))))))

例　前の例と同じものを使用

$$\begin{pmatrix}1&2&3&4&5&6&7&8&9\\3&6&4&5&1&2&7&9&8\end{pmatrix}$$
$$= (1\ 3\ 4\ 5)\circ(2\ 6)\circ(8\ 9)$$
$$= (1\ 5)\circ(1\ 4)\circ(1\ 3)\circ(2\ 6)\circ(8\ 9)$$

$$\begin{pmatrix}1&2&3&4&5&6&7&8&9\\6&4&3&2&5&9&1&7&8\end{pmatrix}$$
$$= (1\ 6\ 9\ 8\ 7)\circ(2\ 4)$$
$$= (1\ 7)\circ(1\ 8)\circ(1\ 9)\circ(1\ 6)\circ(2\ 4)$$

以下，任意の置換 f を互換の合成として表すとき，その互換の個数は偶数か奇数か一意的に定まることを示す。互換の個数が偶数か奇数かによって，f をそれぞれ**偶置換**，**奇置換**という。

私は1990年代半ばから様々な数学教育活動を展開してきたが，何冊かの拙著で紹介したやや直観的な説明による「あみだくじの仕組み方」は多くの子ども達に喜ばれた（『新体系・中学数学の教科書（下）』参照）。さらに，日本数学会誌「数学」58巻秋季号で，あみだくじの発想による偶置換・奇置換一意性の証明を発表した。この証明は，「2通りに数える発想」を用いることが本質にあるので，第４章で取り上げよう。

一方，従来から多くの書で紹介されている多項式の「差積」を用いた偶置換・奇置換の一意性の証明は，「対称性を用いる」発想が本質にあるので，第５章で取り上げよう。

本節では，それらとは異なる W. I. Miller による次の証明（Even and odd permutations; Mathematics Associations of Two-Year Colleges Journal 5, 32（1971））を紹介しよう。

定理３

$\Omega=\{1, 2, 3, \cdots, n\}$ 上の任意の置換 f は，いくつかの互換 $h_1, h_2, \cdots, h_l$ の合成置換 $h_1 \circ h_2 \circ \cdots \circ h_l$ として表され，l が偶数であるか奇数であるかは f によって一意的に定まる。

証明

最初に e（恒等置換）がいくつかの互換 $k_1, k_2, \cdots, k_r$ の合成置換として

$$e = k_1 \circ k_2 \circ \cdots \circ k_r \quad \cdots\cdots \quad ①$$

と表されたとすると，r は偶数になることを示す。まず Ω の元１が現れる k_i があるとし，それらのうちで i が最大になるものを改めて $k_i=(1\ \alpha)$（α は１と異なる Ω の元）とする。ここで $i\neq1$ である。なぜならばもし $i=1$ とすると，１の行き先を考えれば，①式の右辺は e と異なるものになってしまう。

ここで，k_{i-1} は次の４通りのどれかになる。

（ア）$(1\ \alpha)$

(イ) $(1\ \beta)$ (β は $1, \alpha$ と異なる Ω の元)
(ウ) $(\alpha\ \beta)$ (β は $1, \alpha$ と異なる Ω の元)
(エ) $(\beta\ \gamma)$ ($1, \alpha, \beta, \gamma$ は互いに異なる Ω の元)

そして，(ア)，(イ)，(ウ)，(エ) それぞれの場合に対して，以下の等式が成り立つ。

(ア) $k_{i-1} \circ k_i = e$
(イ) $k_{i-1} \circ k_i = (1\ \beta) \circ (1\ \alpha) = (1\ \alpha\ \beta) = (1\ \alpha) \circ (\alpha\ \beta)$
(ウ) $k_{i-1} \circ k_i = (\alpha\ \beta) \circ (1\ \alpha) = (1\ \beta\ \alpha) = (1\ \beta) \circ (\alpha\ \beta)$
(エ) $k_{i-1} \circ k_i = (\beta\ \gamma) \circ (1\ \alpha) = (1\ \alpha) \circ (\beta\ \gamma)$

①式の右辺の $k_{i-1} \circ k_i$ に上の等式を代入したものを

$$e = k'_1 \circ k'_2 \circ \cdots \circ k'_s \quad \cdots\cdots \quad ②$$

とすれば，②式の右辺の互換の個数 s は $r-2$ または r と等しく，さらに Ω の元 1 が現れる k'_j に対しては $j \leq i-1$ が必ず成り立つ。

次に，②式に対しても①式に対する議論と同じことを行い，さらにその議論を繰り返し行えば，いつか

$$e = q_1 \circ q_2 \circ \cdots \circ q_t \quad \cdots\cdots \quad ③$$

となる。ただし，ここですべての互換 q_i に Ω の元 1 は現れず，t と r の偶奇性は一致する。

ここで，Ω の元 1 に対する議論は Ω の元 $2, 3, 4, \cdots$ にもそれぞれ適用できるので，③式に対し順次適用していけば，いずれ右辺は e になる。したがって，t は偶数で

あることが分かる。よって，r は偶数である。
　いま，f がいくつかの互換の合成として

$$f = h_1 \circ h_2 \circ \cdots \circ h_l = h'_1 \circ h'_2 \circ \cdots \circ h'_m$$

と２通りに表されたとする。ここで，$l+m$ が偶数であることを示せば l と m の偶奇性は一致する。上式右の等式の両辺に左から

$$h_l \circ h_{l-1} \circ \cdots \circ h_2 \circ h_1$$

を作用させると，

$$\begin{aligned}&(h_l \circ h_{l-1} \circ \cdots \circ h_2 \circ h_1)(h_1 \circ h_2 \circ \cdots \circ h_l)\\&\quad = (h_l \circ h_{l-1} \circ \cdots \circ h_2 \circ h_1)(h'_1 \circ h'_2 \circ \cdots \circ h'_m)\end{aligned}$$

を得る。したがって，

$$e = (h_l \circ h_{l-1} \circ \cdots \circ h_2 \circ h_1)(h'_1 \circ h'_2 \circ \cdots \circ h'_m)$$

となるので，証明の前半に示したことから $l+m$ は偶数となる。

証明終り))))))))

定理３より次の定理は易しく導かれる。

定理 4

$\Omega = \{1, 2, \cdots, n\}$ 上の偶置換全体の集合を A，奇置換全体の集合を B とすると，

$$|A| = |B| = \frac{n!}{2}$$

が成り立つ。ただし，$n \geq 2$ とする。

証明

$$C = \{(1\ 2) \circ x \mid x \in A\}$$

とおく。A の異なる2つの元 x, y に対し，もし

$$(1\ 2) \circ x = (1\ 2) \circ y$$

となると，両辺左から $(1\ 2)$ を作用させることにより，

$$(1\ 2) \circ (1\ 2) \circ x = (1\ 2) \circ (1\ 2) \circ y$$

$$x = y$$

となって矛盾である。したがって，

$$|C| = |A|$$

を得る。また，C のすべての元は奇数個の互換の合成として表されるから，

$$C \subseteq B$$

である。よって，$|A| \leq |B|$ が成り立つ。

同様に，

$$D = \{(1\ 2) \circ x \mid x \in B\}$$

という集合を考えると，

$$|D| = |B|, \quad D \subseteq A$$

が分かるので，$|B| \leq |A|$ が成り立つ。したがって，

$$|A| = |B|$$

が成り立ち，また Ω 上の置換全体の個数は $n!$ なので，結論を得る。

証明終り

第4章
2通りに数える発想

本章では，離散数学において重要な性質を導くことがある「2 通りに数える」発想を紹介する。それは「グラフ理論」や「デザイン論」の基礎的定理でも見掛けるものである。それらの定理を述べた後に，前者の応用例として「正多面体の分類」，後者の応用例として「カークマンの女子学生問題」を紹介する。最後に，「偶置換・奇置換の一意性」について，2 通りに数える発想を本質とする証明を述べる。

4.1 グラフ理論の基礎的定理と多面体

最初にグラフ理論の基礎的な定理を証明しよう。

定理 1

Γ を

$$V\Gamma = \{v_1, v_2, \cdots, v_n\}$$

となる，n 個の頂点からなるグラフとする。このとき，

$$\sum_{i=1}^{n} \deg(v_i) = 2|E\Gamma| \quad \cdots \quad (*)$$

が成り立つ。

証明

集合の要素の個数

$$|\{(u, e) \mid u \in V\Gamma, e \in E\Gamma, u \in e\}|$$

を，u の方から計算して求めると（*）の左辺になり，e の方から計算して求めると（*）の右辺になる。したがって，（*）の等号が成り立つことになる。

証明終り

例 1 第 3 章第 3 節の例 1 と同じグラフ

$$V\Gamma = \{v_1, v_2, v_3, v_4, v_5, v_6, v_7, v_8\}$$

$$E\Gamma = \left\{\begin{matrix} \{v_1, v_2\}, \{v_1, v_3\}, \{v_2, v_3\}, \{v_2, v_4\}, \{v_2, v_5\}, \\ \{v_3, v_4\}, \{v_3, v_5\}, \{v_4, v_5\}, \{v_4, v_6\}, \{v_6, v_7\} \end{matrix}\right\}$$

で表されるグラフ Γ について，定理１を確かめてみよう。

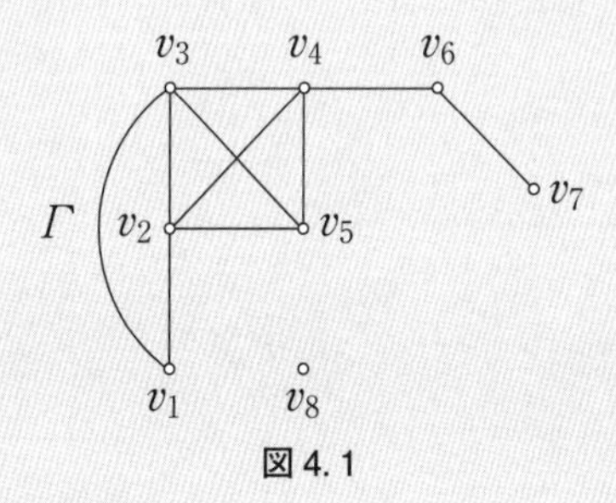

図 4.1

$$\deg(v_1)=2,\quad \deg(v_2)=4,\quad \deg(v_3)=4,$$
$$\deg(v_4)=4,\quad \deg(v_5)=3,\quad \deg(v_6)=2,$$
$$\deg(v_7)=1,\quad \deg(v_8)=0,$$
$$\sum_{i=1}^{8}\deg(v_i)=20,\quad |VE|=10$$

である。

例 2

ここに $v_1, v_2, \cdots, v_9$ の９人がいて，どの２人をとっても，互いに知り合いであるか否かの関係があるとする。v_1, v_2, v_3, v_4 は「自分はちょうど４人と知り合いの仲である」と言い，v_5, v_6, v_7, v_8, v_9 は「自分はちょうど３人と知り合いの仲である」と言う。

このとき，$v_1, v_2, \cdots, v_9$ を頂点全体とし，任意の２つの頂点 u, v に対し，u と v が知り合いのときに限って u と

v を結ぶ辺を設けることにする。このようにして作ったグラフ Γ を考えると，

$$\sum_{i=1}^{9} \deg(v_i) = 4\times4+5\times3 = 31$$

となって，これは偶数ではない。したがって，定理 1 の結論に反して矛盾を得る。それゆえ，9 人のうち少なくとも 1 人は嘘をついているのである。

上の定理はもちろん，すべての面が多角形からなる多面体にも適用できる。さらに，頂点と辺の関係ではなく面と辺の関係でも，次の定理が成り立つ。

定理 2

辺の本数が E，面の個数が F の多面体において，m_i 角形の面が F_i 個であるとする ($i=1, 2, \cdots, s$)。ただし，$F=\sum_{i=1}^{s} F_i$, $m_i \neq m_j (i \neq j)$。このとき，

$$\sum_{i=1}^{s} m_i F_i = 2E$$

が成り立つ。

証明

多面体に関して，集合の要素の個数

$$|\{(f, e) | f \text{ は面，} e \text{ は } f \text{ の辺}\}|$$

を，定理 1 と同様に 2 通りに計算すると，結論を得る。

証明終り

例 3

正二十面体の各頂点Aには5本の辺が集まっているが，それら5本ともAから辺の長さが$\frac{1}{3}$のところで切るように，Aを頂点とする五角錐を切り落とす。

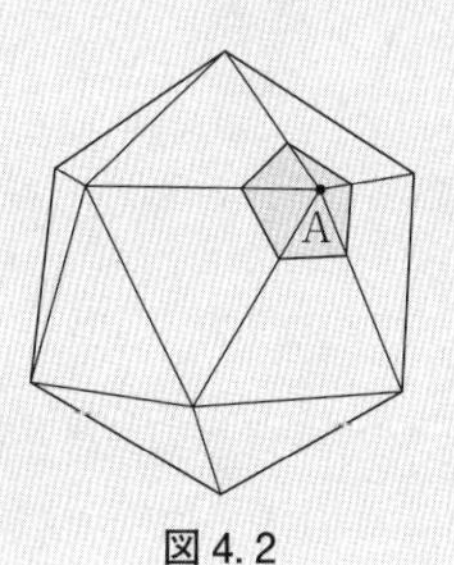

図4.2

いま，Aに対して行った切断をすべての頂点に対して行うと，サッカーボールと同じ切頂（せっちょう）二十面体という立体ができる。ちなみに切頂二十面体については，

面の個数 $= 32$（六角形が20個，五角形が12個），
辺の個数 $= 90$,
頂点の個数 $= 60$

である。切頂二十面体に関して定理2を確かめてみると，

$$定理の左辺 = 6\times 20+5\times 12 = 180$$
$$定理の右辺 = 2\times 90 = 180$$

となる。

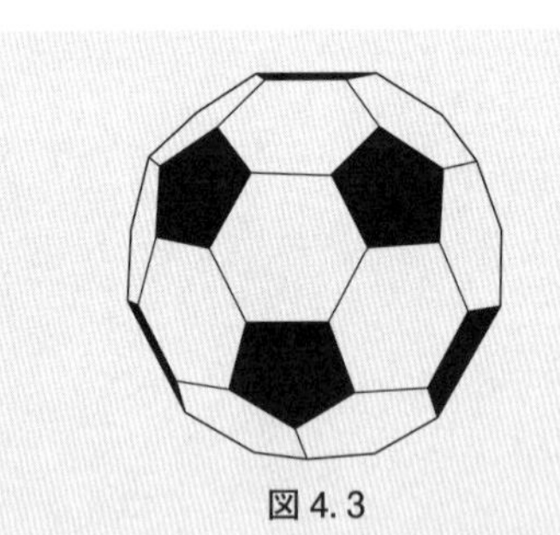

図 4.3

定理1と2を踏まえて以下，よく知られている正多面体の分類定理を証明しておこう。その準備のために，次の定理をやや直観的に証明する。なお，ここで扱う立体は**凸多面体**とする。すなわち，立体における任意の2点を結ぶ線分はその立体に含まれて，その表面は平面状の多角形の面で囲まれている。

定理 3

オイラーの多面体定理

任意の多面体について，頂点の数を V，辺の数を E，面の数を F とすると，

$$V-E+F=2$$

が成り立つ。

証明

任意の多面体Ｔに対し，Ｔの１つの面Ｐを切り取る。この状態の図形に関して，

$$V-E+F=1$$

を示せば，定理３の成立が示せたことになる。

まず，Ｐのあった場所に指を入れて押し広げ，平面上に貼り付ける。なお，辺は伸ばしても真っ直ぐな線分にする。この作業を，たとえば立方体ABCD-EFGHに関して，面Ｐとしての正方形ABCDを切り取って行うと，次の図はその一例である。

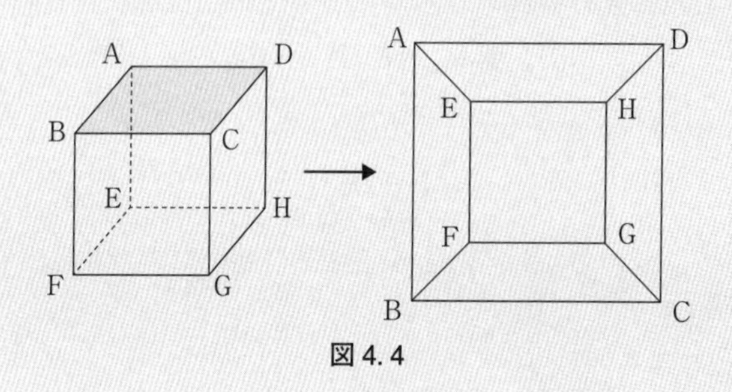

図4.4

図を見て分かるように，頂点の数および辺の数は変わらないが，面の数は最初に切り取った分の１つだけ多面体Ｔより少なくなっている。そこで，上の右図に関して

$$V-E+F=1$$

を示せばよい。

次に，その図に辺を書き込んでいき，次の図のように三角形ばかりにする。

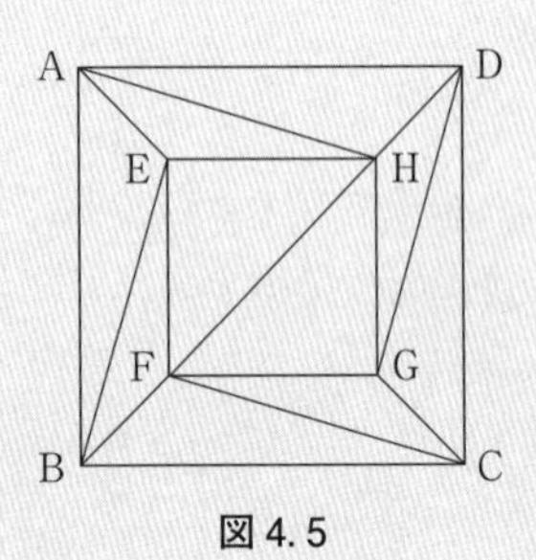

図 4. 5

この作業のそれぞれ1つにおいては，1つの辺を増やすと辺の数は1つ増え，面の数も1つ増え，頂点の数は不変である。それゆえ，

$$V-E+F$$

の値は変わらない。したがって，三角形ばかりにした状態で，

$$V-E+F=1$$

を示せばよい。

次に，三角形を1つずつ外側から取っていく。この作業のそれぞれ1つは，次の図（ア）か（イ）のように2つの場合がある。

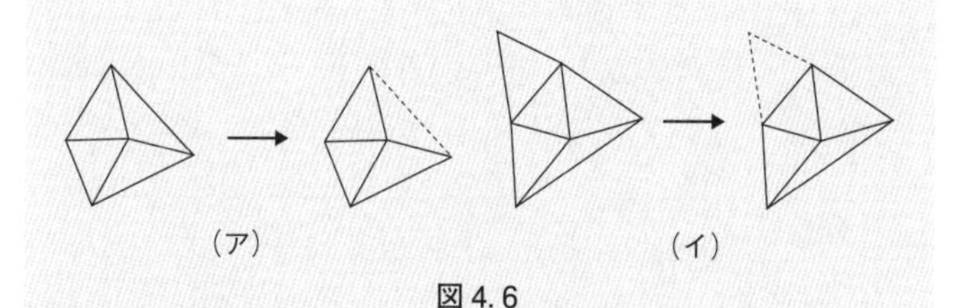

図 4.6

（ア）の場合は，頂点の数が不変，辺の数が -1，面の数が -1 なので，

$$V-E+F$$

の値は変わらない。また（イ）の場合は，頂点の数が -1，辺の数が -2，面の数が -1 なので，

$$V-E+F$$

の値は変わらない。したがって，三角形を外側から1つずつ取っていくいずれの作業においても，$V-E+F$ の値は不変である。

上の作業を続けていくと，最後には三角形が1つだけ残ることになる。その三角形については，

$$V-E+F=3-3+1=1$$

となるので，定理3の証明が完成したことになる。

証明終り

以上の準備のもとで，正多面体の分類に関する定理を証明する。

定理 4

正 F 面体は，F が $4, 6, 8, 12, 20$ の 5 つに限る。なお，頂点の数を V，辺の数を E，面の数を F とすると，次表のようになっている。

	V	E	F
正四面体	4	6	4
正六面体	8	12	6
正八面体	6	12	8
正十二面体	20	30	12
正二十面体	12	30	20

証明

任意の正多面体Sを 1 つとり，1 つの面を正 m 角形，1 つの頂点に r 本の辺が集まっているとする。ここで，

$$m \geq 3,\quad r \geq 3 \quad \cdots \quad ①$$

であることに注意する。定理 1 と 2 より，それぞれ②と③を得る。

$$rV = 2E \quad \cdots \quad ②$$
$$mF = 2E \quad \cdots \quad ③$$

そこで定理 3 より，

$$\frac{2E}{r} - E + \frac{2E}{m} = 2$$

を得る。この式の両辺を 2 E で割って変形すると，

$$\frac{1}{r}+\frac{1}{m}=\frac{1}{2}+\frac{1}{E} \quad \cdots \quad ④$$

を得る。

もし，$r \geq 4, m \geq 4$ とすると，④の左辺は $\frac{1}{2}$ 以下となって，右辺が $\frac{1}{2}$ より大であることに反して，矛盾となる。

そこで①を用いて，$r=3$ または $m=3$ が成り立つことになる。

$r=3$ の場合。④より，

$$\frac{1}{m}-\frac{1}{6}=\frac{1}{E} \quad \cdots \quad ⑤$$

となるので，m は $3, 4, 5$ のいずれかである。なぜならば，m が 6 以上とすると，上式の左辺は正にならないからである。

$m=3$ のとき，⑤より $E=6$ となる。このとき，③と②より

$$F=4, \quad V=4$$

を得るので，正四面体が導かれたことになる。

$m=4$ のとき，⑤より $E=12$ となる。このとき，③と②より

$$F=6, \quad V=8$$

を得るので，正六面体が導かれたことになる。

$m=5$ のとき，⑤より $E=30$ となる。このとき，③と

②より

$$F = 12, \quad V = 20$$

を得るので，正十二面体が導かれたことになる。

$m=3$ の場合。$r=3$ の場合と同様にして④より，

$$\frac{1}{r} - \frac{1}{6} = \frac{1}{E} \quad \cdots \quad ⑥$$

となるので，r は 3, 4, 5 のいずれかである。ここで $r=3$ のときは，既に上で正四面体を導いている。

$r=4$ のとき，⑥，③，②より

$$E = 12, \quad F = 8, \quad V = 6$$

を得るので，正八面体が導かれたことになる。

$r=5$ のとき，⑥，③，②より

$$E = 30, \quad F = 20, \quad V = 12$$

を得るので，正二十面体が導かれたことになる。

証明終り

4.2 デザイン論の基礎

デザインに関心をもつきっかけは統計学の実験計画であったり，符号理論であったり，置換群であったりするように，その応用は広い。農業実験に起源をもつ「実験計画」は「design of experiments」の訳であり，1930 年代にフィッシ

ャーにより創始されたものである。

v 個の元からなる有限集合 Ω と整数 $k(2 \leq k \leq v)$ に対し，

$$\Omega^{(k)} = \{X \mid |X| = k, X \subseteq \Omega\}$$

とおく。明らかに $|\Omega^{(k)}| = {}_vC_k$ である。

いま，自然数 λ と $t(\leq k)$ に対し次の条件をみたす $\Omega^{(k)}$ の部分集合 $\boldsymbol{B}$ があるとき，Ω と $\boldsymbol{B}$ の組 $(\Omega, \boldsymbol{B})$ を t-(v, k, λ) **デザイン**，あるいは単に t-**デザイン**という。

Ω の相異なる任意の t 個の元 $\alpha_1, \alpha_2, \cdots, \alpha_t$ に対し，それらを含む $\boldsymbol{B}$ の元はちょうど λ 個ある。

Ω の元を**点**，$\boldsymbol{B}$ の元を**ブロック**という。また，Ω を**点集合**，$\boldsymbol{B}$ を**ブロック集合**という。そして，$\boldsymbol{B} = \Omega^{(k)}$ であるデザインを**自明なデザイン**という。明らかに，$t = k$ あるいは $k = v$ ならば自明である。

２つの t-(v, k, λ) デザイン $D_1 = (\Omega_1, \boldsymbol{B}_1), D_2 = (\Omega_2, \boldsymbol{B}_2)$ に対し，Ω_1 から Ω_2 への全単射 φ があって，

$$B \in \boldsymbol{B}_1 \Leftrightarrow \varphi(B) \in \boldsymbol{B}_2$$

が成り立つとき，φ を D_1 から D_2 の上への**同型写像**であるといい，D_1 と D_2 は**同型**であるという。要するに同型は，デザインとしての構造が同じということである。同じパラメーターでも同型でないデザインはたくさんあり，むしろ同型を除いて一意的に定まるパラメーターの方が珍しいといえる（C. J. Colbourn and M. J. Colbourn editors（1985），Algorithms in combinatorial design theory（North-Holland）参照）。そして，デザインの存在性が確認されているパラメーターに対して，同型を除いていくつのデザインが存在するかを決定することは

意外と難しいことである。

任意の自然数 t に対して自明でない t-デザインが存在することは分かっているが，その存在性が証明されたのは1980年代の後半である。

t-$(v, k, 1)$ デザインをとくに**シュタイナーシステム** $S(t, k, v)$ という。とくにシュタイナーシステム $S(4, 5, 11)$, $S(5, 6, 12)$, $S(3, 6, 22)$, $S(4, 7, 23)$, $S(5, 8, 24)$ の存在性がいえ，それらを順に**ウィットシステム** W_{11}, W_{12}, W_{22}, W_{23}, W_{24} とよぶ。ウィットシステムは同型を除いて一意的に定まることが知られている（T. Beth, D. Jungnickel and H. Lenz (1999), Design Theory vol. 1 (Cambridge) 参照)。

次の定理は明らかである。

定理 1

$D=(\Omega, \boldsymbol{B})$ を t-(v, k, λ) デザインとする。Γ を $|\Gamma|=s\,(1\leq s\leq t-1)$ となる Ω の部分集合とする。このとき，

$$\boldsymbol{B}' = \{B-\Gamma \mid B\in\boldsymbol{B}, \Gamma\subseteq B\}$$

とおくと，$D'=(\Omega-\Gamma, \boldsymbol{B}')$ は $(t-s)$-$(v-s, k-s, \lambda)$ デザインである。

上の定理における D' を D からの**誘導デザイン**という。

次の定理は，デザイン論の基礎として重要である。

定理 2

$D=(\Omega, \boldsymbol{B})$ を t-(v, k, λ) デザインとし，$0\leq s\leq t-1$ に対し $\alpha_1, \alpha_2, \cdots, \alpha_s$ を Ω の相異なる s 個の元とする。このとき，それら s 個の元を含むブロックの個数 $n(\alpha_1, \alpha_2, \cdots, \alpha_s)$ は

$$\frac{(v-s)(v-s-1)\cdots(v-t+1)\lambda}{(k-s)(k-s-1)\cdots(k-t+1)}$$

と等しい。とくに，$n(\alpha_1, \alpha_2, \cdots, \alpha_s)$ は $\alpha_1, \alpha_2, \cdots, \alpha_s$ のとり方によらない数である。

証明

集合

$$\{(\{\beta_1, \beta_2, \cdots, \beta_{t-s}\}, B) \mid B \in \boldsymbol{B},\ \{\alpha_1, \cdots, \alpha_s, \beta_1, \cdots, \beta_{t-s}\} \subseteq B\}$$

の要素の個数（$|\{\alpha_1, \cdots, \alpha_s, \beta_1, \cdots, \beta_{t-s}\}| = t$）を，第１成分から求める場合と第２成分から求める場合の２通りで求めると，

$$_{v-s}\mathrm{C}_{t-s}\lambda = n(\alpha_1, \alpha_2, \cdots, \alpha_s)\,_{k-s}\mathrm{C}_{t-s}$$

を得る。よって，

$$\begin{aligned} n(\alpha_1, \alpha_2, \cdots, \alpha_s) &= \frac{_{v-s}\mathrm{C}_{t-s}\lambda}{_{k-s}\mathrm{C}_{t-s}} \\ &= \frac{(v-s)!\,(t-s)!\,(k-t)!\,\lambda}{(t-s)!\,(v-t)!\,(k-s)!} \\ &= \frac{(v-s)(v-s-1)\cdots(v-t+1)\lambda}{(k-s)(k-s-1)\cdots(k-t+1)} \end{aligned}$$

が成り立つ。

証明終り

上の定理から $n(\alpha_1, \alpha_2, \cdots, \alpha_s)$ は，t, v, k, λ, s のみによって定まるので，以後それを λ_s とおく。なお一般に，$\lambda_0 = |\boldsymbol{B}|$ を b で，λ_1 を r で表す。

$\lambda_0, \lambda_1, \cdots, \lambda_{t-1}$ はものの個数ゆえ整数であり，定理 2 は自明でない**整数条件**を与えている。この重要な定理は，2 通りに数えることから導かれたことに留意したい。

例 1

2 - (15, 7, 3) デザインの存在は知られているが，2 - (15, 7, λ) デザイン（λ=1 または 2）は存在しない。実際，もし存在するならば

$$r = \frac{14 \cdot \lambda}{6}$$

となるので，r は整数にならないから矛盾である。

例 2

シュタイナーシステム $S(6, 7, 13)$ は存在しない。なぜならば，もし存在すると

$$b = \frac{13 \cdot 12 \cdot 11 \cdot 10 \cdot 9 \cdot 8}{7 \cdot 6 \cdot 5 \cdot 4 \cdot 3 \cdot 2}$$

となって，b は整数にならないから矛盾である。

4.3 16人の麻雀大会とカークマンの女子学生問題

2 以上の整数 n に対し，2 - ($n^2, n, 1$) デザインを**位数** n の**アフィン平面**という。n が**素数巾**（べき） p^e（p：素数，e：自然数）のときは，元の個数が n の**有限体**というものが存在すること

から（拙著『今度こそわかるガロア理論』（講談社）参照），位数 n のアフィン平面の存在性は分かるが，それ以外の場合はほとんど分かっていない状況である。

本節の最初に，次の定理を証明する。

定理

$(\Omega, \boldsymbol{B})$ を位数 n のアフィン平面とする。任意の $B \in \boldsymbol{B}$ と $\alpha \in \Omega - B$ に対し，

$$B \cap B' = \phi, \quad B' \ni \alpha$$

となるブロック B' がただ1つ存在する。さらに B と互いに素（共通部分が空）なブロックはちょうど $n-1$ 個存在し，それらを B_1, $B_2, \cdots, B_{n-1}$ とすると，

$$\Omega = B \cup B_1 \cup B_2 \cup \cdots \cup B_{n-1} \quad \text{（直和）}$$

が成り立つ。なお直和とは、互いに素ないくつかの部分集合の和集合として表されるときにいう。

証明

$$r = \frac{n^2-1}{n-1} = n+1$$

であるので，α を含むブロックは $n+1$ 個ある。いま，それらを $C_1, C_2, \cdots, C_{n+1}$ とし，$B=\{\beta_1, \beta_2, \cdots, \beta_n\}$ とおくと，各 $i(1 \leq i \leq n)$ に対し α と β_i を含むブロック $B(\alpha, \beta_i)=B(\beta_i, \alpha)$ はただ1つ定まるので，それはある C_j

$(1 \leq j \leq n+1)$ になる。ところが，その対応によってちょうど1つのC_kが余ることになり，それがB'である。

次に，B'をB_1とおき，$\Omega-(B \cup B_1)$の任意の元α'をとると，上と同じ議論によって，

$$B \cap B_2=\phi, \quad B_2 \ni \alpha'$$

となるブロックB_2が存在する。ここで，$B_1 \cap B_2=\phi$である。なぜならば，もし$B_1 \cap B_2$の元γがあるならば，B_1とB_2はγを含むBと互いに素なブロックとなる。しかしながら，これは前半の議論でαをγに代えたものに矛盾する。

以下，上の議論を同様にくり返すことにより，後半の主張も証明される。

証明終り)))))))

t-(v, k, λ) デザイン $D=(\Omega, \boldsymbol{B})$ において，一般に

$$\frac{b}{r}=\frac{v}{k}$$

であるが，もし$\boldsymbol{B}$が次のように分解できるとき，Dは**分解可能**であるという。ただし，$l=b/r$である。

$$\boldsymbol{B} = \bigcup_{i=1}^{r} \{B_{i1}, B_{i2}, \cdots, B_{il}\}$$

$$\Omega = B_{i1} \cup B_{i2} \cup \cdots \cup B_{il} \quad （直和） \quad (i=1, 2, \cdots, r)$$

定理は，位数nのアフィン平面は分解可能2-デザインであることを示している。分解可能デザインとなるものの研究

は古くから行われており，以下の２つの例はよく知られている。

例 1　16人の麻雀大会

16人の大人，1, 2, 3, 4, 5, 6, 7, 8, 9, 10, 11, 12, 13, 14, 15, 16の5日間にわたる麻雀大会を，次の条件を満たすように計画できるか。

（ｉ）毎日４人ずつのグループを４つ作って，16人全員が麻雀ゲームをする。

（ii）16人のうちのどの２人に対しても，その２人を含む麻雀ゲームのグループは，５日間を通してちょうど１つだけ存在する。

この問題の本質は，「分解可能な2－(16, 4, 1)デザインは存在するか」というものである。結論は以下のように具体的に計画できる。

１日目：{1, 2, 3, 4}, {5, 6, 7, 8}, {9, 10, 11, 12}, {13, 14, 15, 16}
２日目：{1, 5, 9, 13}, {2, 6, 10, 14}, {3, 7, 11, 15}, {4, 8, 12, 16}
３日目：{1, 6, 11, 16}, {2, 5, 12, 15}, {3, 8, 9, 14}, {4, 7, 10, 13}
４日目：{1, 8, 10, 15}, {2, 7, 9, 16}, {3, 6, 12, 13}, {4, 5, 11, 14}
５日目：{1, 7, 12, 14}, {2, 8, 11, 13}, {3, 5, 10, 16}, {4, 6, 9, 15}

例 2　カークマンの女子学生問題　1850年

15人の女子学生 $G_1, G_2, \cdots, G_{14}, G_\infty$ の7日間にわたる散歩を，次の条件を満たすように計画できるか。

（i）毎日3人ずつのグループを5つ作って，15人全員が散歩する。

（ii）15人のうちのどの2人に対しても，その2人を含む散歩のグループは，7日間を通してちょうど1つだけ存在する。

この問題の本質は，「分解可能な2-(15, 3, 1) デザインは存在するか」というものである。結論は以下のようにして計画できる。

G_i, G_j, G_k 3人の散歩のグループを $\{i, j, k\}$ と書くことにする。また，G_∞ 以外の任意の女子学生 $G_h(1 \leq h \leq 14)$ に関して，添字 h は14を法とする合同式で考えているものとする（14で割った余りだけで考えている）。各 $i(i=1, 2, \cdots, 7)$ に対し，i 日目の散歩のグループを次の5つとすれば，それは1つの解になることが具体的にチェックすることによって確かめられる。

$$S_i = \{\infty, 1+2(i-1), 2+2(i-1)\}$$
$$T_i = \{3+2(i-1), 5+2(i-1), 9+2(i-1)\}$$
$$U_i = \{4+2(i-1), 11+2(i-1), 14+2(i-1)\}$$
$$V_i = \{6+2(i-1), 7+2(i-1), 12+2(i-1)\}$$
$$W_i = \{8+2(i-1), 10+2(i-1), 13+2(i-1)\}$$

なお，カークマンの女子学生問題はいろいろな形で拡張されており，15人を $(6n+3)$ 人にして，毎日のグループ数5を $2n+1$ にして，7日間を $3n+1$ 日間にした結果はよく知られている（D. K. Ray-Chaudhuri and R. M. Wilson (1971), Solution of Kirkman's schoolgirl problem. Symp. Pure Math. 19, 187-203 参照）。

4.4 偶置換・奇置換の一意性の証明その2

本節の目標は，日本数学会誌「数学」58巻秋季号で発表した，あみだくじの発想による偶置換・奇置換一意性の証明を丁寧に紹介することである。この証明は，「2通りに数える発想」が本質にある。その準備としてあみだくじの性質を述べることが必要で，それに関しては帰納的に考える発想を用いる。それゆえ，この部分に関しては本来第3章で扱うべきかもしれないが，準備する内容ということで本章での扱いを御理解いただきたい。

最初に，全国の小・中・高校での出前授業で多くの生徒から受ける「あみだくじの仕組み方」を紹介し，次にそれを一般化した定理を述べる。

例1　あみだくじの仕組み方

横線がまだ引かれていないあみだくじの原形（図4.7）に何本かの横線を引いて，たとえばAが3，Bが5，Cが6，Dが1，Eが4，Fが2に至るあみだくじを作ってみよう。

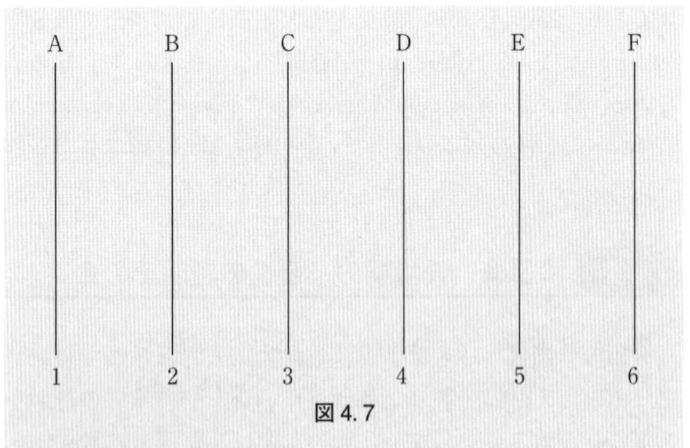

図 4.7

まず図 4.7 の縦線をすべて除いた状態の図を用意して，A から 3，B から 5，C から 6，D から 1，E から 4，F から 2 のそれぞれの目標に至る線を引く（図 4.8 参照）。ただし各線は曲がってよいものの，図 4.8 のように 3 本の線が同じ点で交わることはないようにする。そ

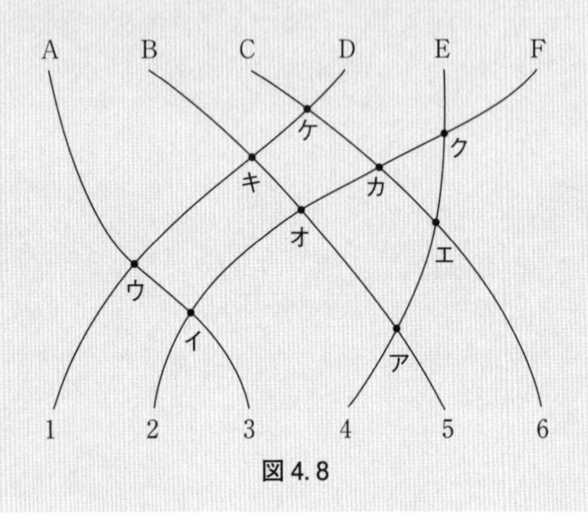

図 4.8

して交点を，下からア，イ，ウ，エ，オ，カ，キ，ク，ケと名付ける。

次に，各交点を英語のHのような形に取り替える（図4.9参照）。それによって，図4.8は図4.9のようになる。

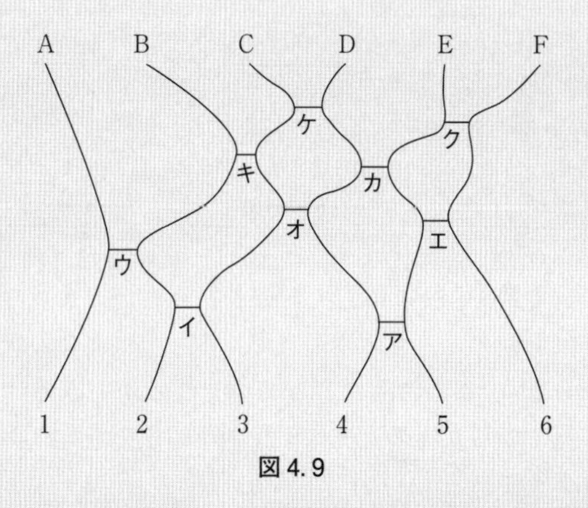

図4.9

最後に，アは左から4番目と5番目の縦線の間の横線，イは左から2番目と3番目の縦線の間の横線，ウは左から1番目と2番目の縦線の間の横線，……というように見直して，図4.7の原形にア，イ，ウ，エ，オ，カ，キ，ク，ケの順に横線を引くと，目的とするあみだくじが完成する（図4.10参照）。

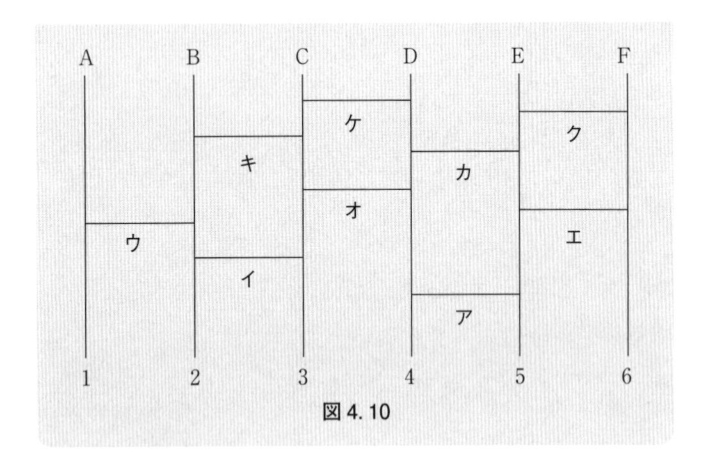

図 4. 10

上の例で紹介したあみだくじの仕組み方は，もちろん何人の場合にも使える。さらに慣れてくると，図 4.8 の状態からいきなり図 4.10 の状態にもっていくことができる。それによって見ている立場の人達に不思議な印象を与え，より楽しく思うようである。

次の定理は，上の例を一般化して考えれば得られるものなので，とくに証明を省略しても構わないかもしれない。一応，本節としては証明を付けよう。

定理 1

縦線が n 本あって，上段に左から $a_1, a_2, \cdots, a_n$ が並び，下段に左から $1, 2, \cdots, n$ が並んでいるあみだくじの原形があるとする。$b_1, b_2, \cdots, b_n$ を $1, 2, \cdots, n$ の任意の順列とするとき，a_1 が b_1，a_2 が b_2，a_3 が b_3，……，a_n が b_n へ辿り着くあみだくじが存在する。

証明

n に関する数学的帰納法によって示そう。

$n=1$ のときは，縦線が１本しかないあみだくじゆえ，明らかに成り立つ。

$n=k$ のとき成り立つと仮定して，$n=k+1$ のとき成り立つことを示そう。まず，$b_{k+1}=k+1$ ならば，一番右の a_{k+1} と $k+1$ を結ぶ縦線には横線を付けないようにする。すると，a_1 が b_1，a_2 が b_2，……，a_k が b_k へ辿り着くようにできればよいが，この場合は帰納法の仮定によってできる。

次に，$b_{k+1}\neq k+1$ として，$b_i=k+1$ となる１以上 k 以下の自然数 i をとる。これは，a_i が $k+1$ に辿り着くことを意味しているので，とりあえずあみだくじの最上部に，図 4.11 に描いた部分を付けることを想定する。

図 4.11 によって，とりあえず a_i に関しては目標の $k+1$ に辿り着いている。以後，図 4.11 の下に続く部分

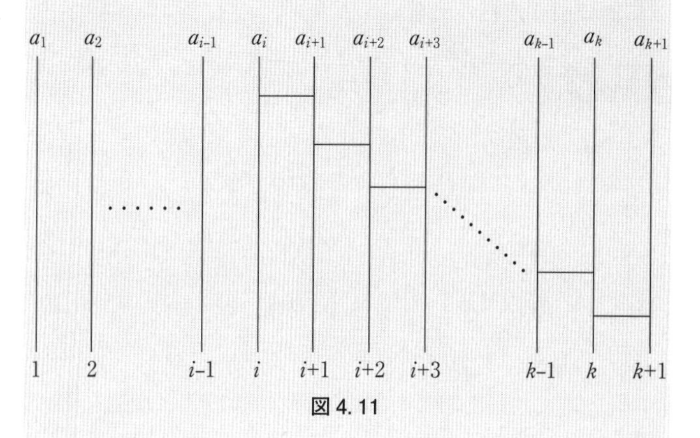

図 4.11

では，一番右の a_{k+1} と $k+1$ を結ぶ縦線には横線を付けないようにする。

その段階で，a_i を除く $a_1, a_2, \cdots, a_{i-1}, a_{i+1}, a_{i+2}, \cdots, a_k, a_{k+1}$ に関しては，一番右の縦線以外の縦線に入ってきていることに注意しよう。そこで再び帰納法の仮定によって，図 4.11 の下に続く部分として，一番右の縦線以外の縦線に何本かの横線を適当に付けることによって，a_i 以外の $a_j (j=1, 2, \cdots, i-1, i+1, \cdots, k, k+1)$ に関してはすべての目標の b_j に辿り着くようにできる。

以上から，$n=k$ のとき成り立つならば，$n=k+1$ のときも成り立つことが示せたのである。したがって数学的帰納法により，定理 1 が成立する。

証明終り))))))))

偶置換・奇置換の一意性の証明の前に，準備として例 1 と本質的に同じ内容の例を述べよう。

例 2

$\Omega=\{1, 2, 3, 4, 5, 6\}$ 上の置換

$$f = \begin{pmatrix} 1 & 2 & 3 & 4 & 5 & 6 \\ 3 & 5 & 6 & 1 & 4 & 2 \end{pmatrix}$$

は，互換 $(1\ 2), (2\ 3), (3\ 4), (4\ 5), (5\ 6)$ の合成として次のように表せる。

$$\begin{aligned} f = &(4\ 5)\circ(2\ 3)\circ(1\ 2)\circ(5\ 6) \\ &\circ(3\ 4)\circ(4\ 5)\circ(2\ 3)\circ(5\ 6)\circ(3\ 4) \end{aligned}$$

これは，例１のアと$(4\ 5)$，イと$(2\ 3)$，ウと$(1\ 2)$，……，ケと$(3\ 4)$を対応させて考えているのである。なお写像の順番は，後ろからであることに注意する。

例２を踏まえれば，定理１より次の定理は直ちに得られる。

定理 2

$$\Omega = \{1, 2, 3, \cdots, n\}$$

とするとき，Ω上の任意の置換fは，次の$n-1$個の互換のいくつかの合成置換として表すことができる。ただし，それらの互換は何度用いても構わない。

$$(1\ 2), (2\ 3), \cdots, (n-1\ n)$$

なお定理２は，第３章第５節の定理２より強いものであることに留意する。次の定理が本節の核心である。

定理 3

$$\Omega = \{1, 2, 3, \cdots, n\}$$

とする。Ω上の恒等置換eを，次の$n-1$個の互換の（重複を許して）いくつかの合成置換として表すとき，それに現れる互換の個数は偶数である。

$$(1\ 2), (2\ 3), \cdots, (n-1\ n)$$

(((((((((証明

$$e = f_1 \circ f_2 \circ f_3 \circ \cdots \circ f_m \quad \cdots \quad (*)$$

というように，恒等置換 e が m 個の互換 $f_1, f_2, f_3, \cdots, f_m$ の合成置換として表されたとする。ただし各 f_i は，$(1\ 2), (2\ 3), \cdots, (n-1\ n)$ のどれかとする。これから m が偶数になることを示すのであるが，上式 $(*)$ をあみだくじとして表現した図を考えることにする。

$$f_i = (r\ \ r+1)$$

のとき，f_i を左から r 番目と $r+1$ 番目の縦線の間にある横棒と同一視していて，$f_1, f_2, f_3, \cdots, f_m$ となるにしたがって，次第に下から上の方に位置することに注意する。

ここで，あみだくじの横線の型というものを定める。任意の横線 f_i をとって，その左端と右端の点をそれぞれ A, B とする。このとき，上の方から A に至るあみだくじのルートのスタート地点となる Ω の要素はただ 1 つだけであり，それを a_i とする。また，上の方から B に至るあみだくじのルートのスタート地点となる Ω の要素もただ 1 つだけであり，それを b_i とする。

たとえば図 4.12 のあみだくじにおいては，横線②を f_i とすると，

$$a_i = 2, \quad b_i = 4$$

であるが，横線⑥を f_i とすると，

$$a_i = 5, \quad b_i = 2$$

である。

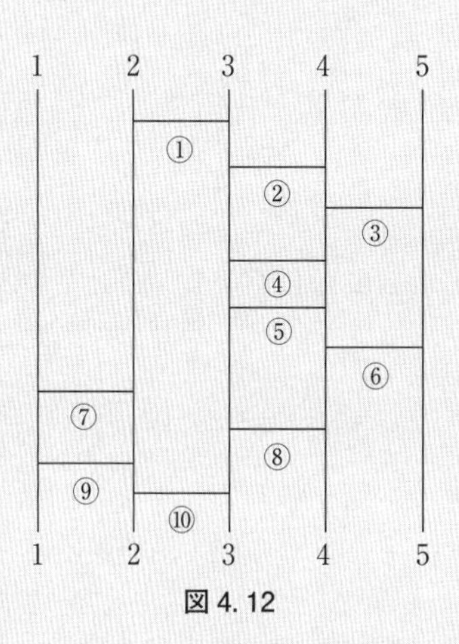

図 4. 12

そのように，$a_i < b_i$ となる場合もあれば，$a_i > b_i$ となる場合もある。前者の場合は f_i を

$$([a_i, b_i], \bigcirc) \text{ 型}$$

と呼び，後者の場合は f_i を

$$([a_i, b_i], \times) \text{ 型}$$

と呼ぶことにする。前者の場合はスタート地点の a_i と b_i の大小関係と線分 AB の左右の関係が一致し，後者の場合はスタート地点の a_i と b_i の大小関係と線分 AB の左右の関係が逆になっていることから，上記のようにそ

れぞれ○と×を付けたのである。

ここで話を一般の場合の証明に戻すと，式（＊）をあみだくじとして表現した図において，明らかに

$$横線の本数\ m = [○が付いた型の横線] + [×が付いた型の横線]$$

が成り立つ。

一方，a と b を Ω の任意の 2 つの元とし，

$$a < b$$

とする。a と b に対し，$([a, b], ○)$ 型の横線と $([a, b], ×)$ 型の横線の本数を考えよう。もちろん，どちらも 0 本であることも考えられるが，恒等置換 e を表すあみだくじの上段の a と b をスタートしてから下段の a と b にそれぞれ到達するまでの間，上段の a から下段の a へ移動する点を P，上段の b から下段の b へ移動する点を Q として考えよう。

P と Q の左右の関係が最初に逆転するときがくれば，それは $([a, b], ○)$ 型の横線の左端に P が上からぶつかり，その横線の右端に Q が上からぶつかるときである。そして，その次に P と Q の左右の関係が逆転するときがくれば，今度は $([a, b], ×)$ 型の横線の右端に P が上からぶつかり，その横線の左端に Q が上からぶつかるときである。

そのようにして考えていくと，最後には P が下段の a

に到達し，Qが下段の b に到達するので，PとQの左右の関係はスタート時と一致して到達することになる。したがって，PとQの左右の関係が最後に逆転するのは，$([a,b],\times)$ 型の横線にぶつかるときである。

以上から，$([a,b],\bigcirc)$ 型と $([a,b],\times)$ 型の横線は0本であることも考えられるが，もし存在するならば，それらは上から順に $([a,b],\bigcirc)$ 型，$([a,b],\times)$ 型，$([a,b],\bigcirc)$ 型，$([a,b],\times)$ 型，……というように繰り返し，最後は $([a,b],\times)$ 型で終わるのである。よって，

$$
\begin{aligned}
&([a,b],\bigcirc)\text{ 型の横線の本数}\\
&\quad=([a,b],\times)\text{ 型の横線の本数}
\end{aligned}
$$

を得る。a と b は Ω の任意の2つの元であったから，

$$
\begin{aligned}
&([1,2],\bigcirc)\text{ 型の横線の本数}\\
&\quad=([1,2],\times)\text{ 型の横線の本数}\\
&([1,3],\bigcirc)\text{ 型の横線の本数}\\
&\quad=([1,3],\times)\text{ 型の横線の本数}\\
&\qquad\vdots\\
&([1,n],\bigcirc)\text{ 型の横線の本数}\\
&\quad=([1,n],\times)\text{ 型の横線の本数}\\
&([2,3],\bigcirc)\text{ 型の横線の本数}\\
&\quad=([2,3],\times)\text{ 型の横線の本数}\\
&\qquad\vdots
\end{aligned}
$$

$$([2, n], \bigcirc) \text{ 型の横線の本数}$$
$$= ([2, n], \times) \text{ 型の横線の本数}$$
$$\vdots$$
$$([n-1, n], \bigcirc) \text{ 型の横線の本数}$$
$$= ([n-1, n], \times) \text{ 型の横線の本数}$$

が成り立つ。そこで，上式両辺のすべての合計の数が，式（＊）をあみだくじとして表現した図における横線の本数 m なので，m は偶数になる。

証明終り

定理 2, 3 を踏まえて，次の定理 4 を得る。

定理 4

$$\Omega = \{1, 2, 3, \cdots, n\}$$

とする。Ω 上の任意の置換 f を，次の $n-1$ 個の互換の（重複を許して）いくつかの合成置換として表すとき，それに現れる互換の個数は偶数であるか奇数であるかは一意的に定まる。

$$(1\ 2), (2\ 3), \cdots, (n-1\ n)$$

証明

f が

$$f = g_1 \circ g_2 \circ g_3 \circ \cdots \circ g_u = h_1 \circ h_2 \circ h_3 \cdots \circ h_v$$

というように，u 個の互換 $g_1, g_2, \cdots, g_u$ の合成置換としても表され，また v 個の互換 $h_1, h_2, \cdots, h_v$ の合成置換としても表されるとする。ここで各 g_i と h_j は，$(1\ 2), (2\ 3), \cdots, (n-1\ n)$ のどれかである。

上式右側の等号の両辺左から $g_u \circ \cdots \circ g_3 \circ g_2 \circ g_1$ を作用させると，

$$\begin{aligned}(g_u \circ \cdots \circ g_3 \circ g_2 \circ g_1) \circ (g_1 \circ g_2 \circ g_3 \circ \cdots \circ g_u)\\ = (g_u \circ \cdots \circ g_3 \circ g_2 \circ g_1) \circ (h_1 \circ h_2 \circ h_3 \circ \cdots \circ h_v)\\ e = (g_u \circ \cdots \circ g_3 \circ g_2 \circ g_1) \circ (h_1 \circ h_2 \circ h_3 \circ \cdots \circ h_v)\end{aligned}$$

を得る。したがって，定理３より $u+v$ は偶数となり，結論が成り立つ。

証明終り

定理5

$$\Omega = \{1, 2, 3, \cdots, n\}$$

とする。Ω上の任意の互換

$$(a\ \ b) \quad (a<b)$$

を次の $n-1$ 個の互換の（重複を許して）いくつかの合成置換として表すとき，それに現れる互換の個数は必ず奇数になる。

$$(1\ \ 2), (2\ \ 3), \cdots, (n-1\ \ n)$$

証明

$$(a\ b) = (a\ a{+}1)\circ(a{+}1\ a{+}2)$$
$$\circ\cdots\circ(b{-}2\ b{-}1)\circ(b{-}1\ b)\circ(b{-}2\ b{-}1)$$
$$\circ\cdots\circ(a{+}1\ a{+}2)\circ(a\ a{+}1)$$

と表すことができ，上式右辺の互換の個数は奇数である。実際，上式右辺をあみだくじで表現した次図を見れば分かる。あとは，定理４の結論を用いればよい。

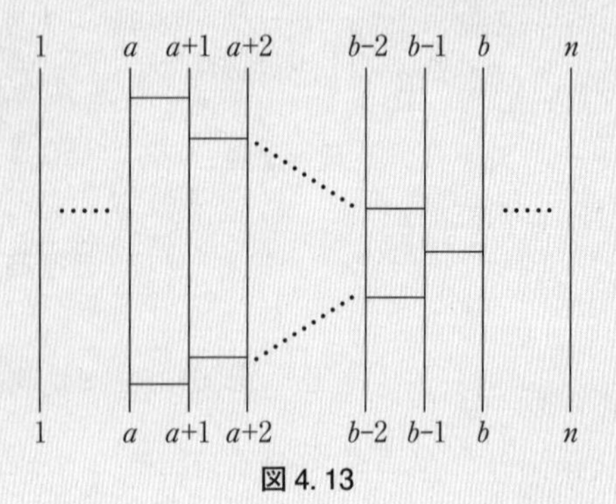

図 4. 13

証明終り

次の定理が目標の定理である。

定理 6　有限集合 Ω 上の任意の置換 f を（重複を許して）いくつかの互換の合成置換として表すとき，それに現れる互換の個数が偶数であるか奇数であるかは一意的に定まる。

(((((((((証明

Ω を n 個の元からなる集合とすると，

$$\Omega = \{1, 2, 3, \cdots, n\}$$

としてよい。f が

$$f = g_1 \circ g_2 \circ g_3 \circ \cdots \circ g_u = h_1 \circ h_2 \circ h_3 \circ \cdots \circ h_v \quad \cdots \quad (*)$$

というように，u 個の互換 $g_1, g_2, \cdots, g_u$ の合成置換としても表され，また v 個の互換 $h_1, h_2, \cdots, h_v$ の合成置換としても表されるとする。ここで各 g_i と h_j は，単に Ω 上の互換である。

定理５より，$g_1, g_2, \cdots, g_u$ と $h_1, h_2, \cdots, h_v$ はどれも，次の $n-1$ 個の互換の（重複も数えて）奇数個を用いた合成置換のみとして表せる。

$$(1\ 2), (2\ 3), \cdots, (n-1\ n)$$

したがって，定理４と（＊）より，u と v が奇数であるか偶数であるかは一致しなくてはならない。

証明終り)))))))))

第5章 対称性を用いる発想

本章では「対称性を用いて数える」発想を紹介する。まず，基礎的な例題となる「ダイオキシン」の異性体や「正多面体」の合同変換の個数を求める。次に，グラフの自己同型写像から置換群を導入し，組合せ構造の自己同型群の位数を求めるときに有効な公式を紹介する。さらに，「偶置換・奇置換の一意性」について，対称性を用いて数える発想を本質とする証明を述べ，それに関連して対称式の一般的な性質について説明する。最後に，デザインの自己同型群と関連するガロア理論の一つの話題を紹介する。

5.1 ダイオキシンの異性体と正多面体

第4章第2節で学んだデザインについて，デザインDからそれ自身への同型写像をDの**自己同型写像**という。この自己同型写像の考え方は，あらゆる組合せ構造に適用できるものである。本章では様々な組合せ構造に関して，それらの自己同型写像はいくつあるかを，対称性を用いて数えるのである。本節ではウォーミングアップになるような題材として，ダイオキシンの異性体や正多面体を取り上げよう。

一般に，図形をそれ自身に重ねる移動を**合同変換**という。まず，正多角形や正多面体の合同変換はいくつあるかを考えてみよう。

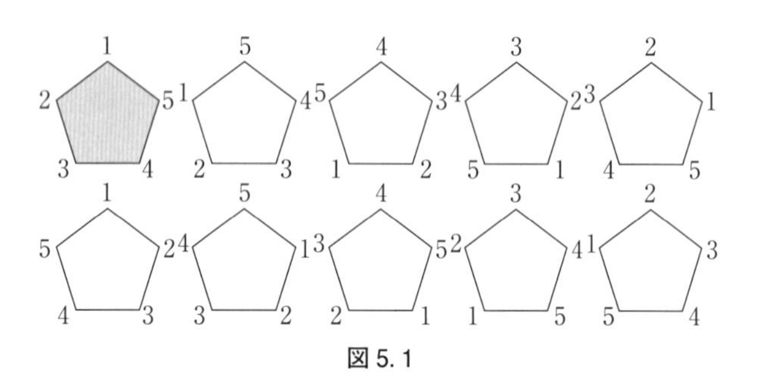

図5.1

上図において，左上の正五角形の合同変換は，全く動かさないそれ自身への移動を含めて10個ある。とくに，頂点1に注目すると1の移動先は，動かさない場合を含めて5個ある。そして1の移動先を一旦決めると，正五角形を表にするか裏にするかの2通りがある。そのようにして，正五角形の

合同変換は

$$5\times 2=10\ (\text{個})$$

であることが理解できる。

同様に考えれば，正 n 角形 $(n\geq 3)$ の合同変換の個数は $2n$ 個であることが分かる。

次に，正多面体に関してはどのようになるだろうか。正多面体の任意の頂点をとると，それをどの頂点にも移動させる合同変換がある。そして1つの頂点を一旦固定すると，その頂点と接する面の数だけ合同変換がある。たとえば下図では，頂点1を固定した正四面体の3個の合同変換を表している。

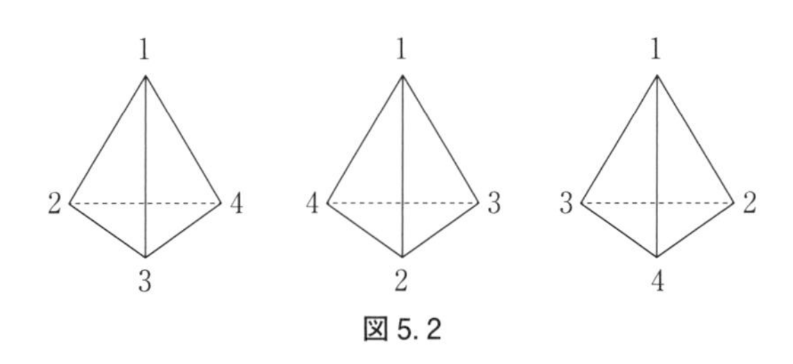

図 5.2

そのように考えて，正多面体の合同変換の個数は，

$$\text{頂点数}\times(1\text{つの頂点と接する面の数})$$

に等しいことが分かる。したがって正四面体，正六面体，正八面体，正十二面体，正二十面体の合同変換の個数は，全く動かさないそれ自身への移動を含めて，それぞれ 12, 24, 24, 60, 60 となる。

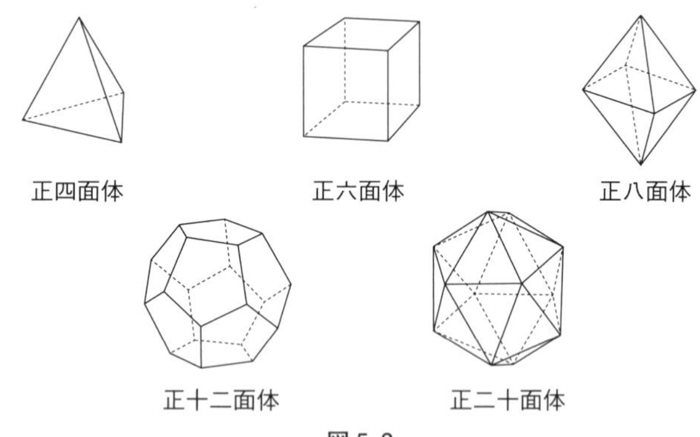

図 5. 3

環境問題でよく取り上げられるダイオキシンは，図 5.4 に示したジ・ベンゾ・パラ・ジ・オキシンの周りにある水素 H が塩素 Cl に 1 つ以上置き換わったものである。置き換わる塩素の数は，1, 2, 3, 4, 5, 6, 7, 8 のどれかであるが，その数が同じでも構造が異なる化合物はいろいろ考えられる。

もちろん，ひっくり返したり回転したりして一致するものは同一の化合物と考える。ダイオキシン（の異性体）は全部で何種類あるか数えてみよう。化学の知識は不要で，正確に数えることだけが求められる問題である。

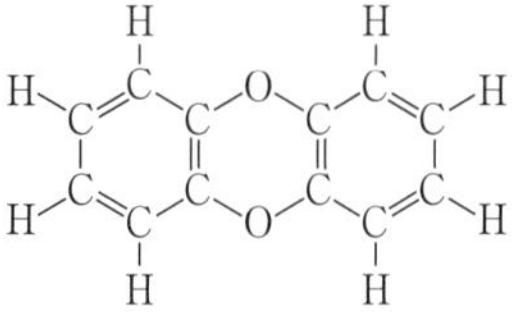

ジ・ベンゾ・パラ・ジ・オキシン

図 5. 4

図 5.4 で，8 個の H をすべて Cl に置き換えるものは明らかに 1 つである。また，1 個の H を Cl に置き換えるものは，図 5.5 で示す 2 つだけである。

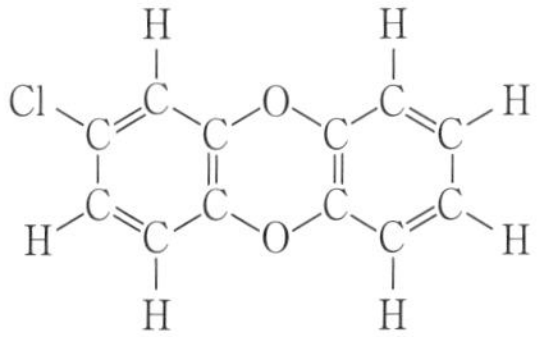

図 5.5

そのように数えていくことにより，ダイオキシン（の異性体）は全部で 75 種類あることが分かる。ものの個数を数える練習になるので，実際に対称性を考えながら数えてみると面白いだろう。参考までに，H を Cl に置き換える個数による異性体の種類の数を，次の表にしておく。

Cl に置き換える数	1	2	3	4	5	6	7	8
異性体の種類の数	2	10	14	22	14	10	2	1

5.2 グラフの自己同型写像

第 4 章第 2 節で，2 つのデザインが同型という言葉の定義を述べた。本節では，第 3 章第 3 節で導入したグラフに関して，その自己同型写像を定義することから始めよう。

グラフ Γ_1 と Γ_2 に対し，$V\Gamma_1$ から $V\Gamma_2$ への全単射 φ があって，

$$\{u, v\} \in E\Gamma_1 \Leftrightarrow \{\varphi(u), \varphi(v)\} \in E\Gamma_2$$

が成り立つとき，φ を Γ_1 から Γ_2 の上への**同型写像**であるといい，Γ_1 と Γ_2 は互いに**同型**であるという。とくに Γ_1 と Γ_2 が同じグラフ Γ であるとき，φ をグラフ Γ の**自己同型写像**という。

いま，φ が Γ の自己同型写像のとき，φ の逆置換（逆写像としての置換）φ^{-1} も Γ の自己同型写像である。なぜならば，

$$\{u, v\} \in E\Gamma \Leftrightarrow \{\varphi(u), \varphi(v)\} \in E\Gamma$$

が成り立つとき，u と v をそれぞれ $\varphi^{-1}(u)$ と $\varphi^{-1}(v)$ に置き換えると，

$$\{\varphi^{-1}(u), \varphi^{-1}(v)\} \in E\Gamma \Leftrightarrow \{\varphi(\varphi^{-1}(u)), \varphi(\varphi^{-1}(v))\} \in E\Gamma$$

すなわち，

$$\{\varphi^{-1}(u), \varphi^{-1}(v)\} \in E\Gamma \Leftrightarrow \{u, v\} \in E\Gamma$$

が成り立つからである。

また，φ_1 と φ_2 が Γ の自己同型写像のとき，それらの合成置換 $\varphi_1 \circ \varphi_2$ も Γ の自己同型写像である。なぜならば，

$$\begin{aligned} \{u, v\} \in E\Gamma &\Leftrightarrow \{\varphi_2(u), \varphi_2(v)\} \in E\Gamma \\ &\Leftrightarrow \{\varphi_1 \circ \varphi_2(u), \varphi_1 \circ \varphi_2(v)\} \in E\Gamma \end{aligned}$$

が成り立つからである。

いま，グラフ Γ の自己同型写像全体の集合を $\mathrm{Aut}\,(\Gamma)$ で表すと，これは $V\Gamma$ 上のいくつかの置換の集合である。そし

て Aut (Γ) に関して，以下の４つの性質が成り立つ。

（ｉ）$\varphi_1, \varphi_2 \in \mathrm{Aut}\,(\Gamma)$ ならば $\varphi_1 \circ \varphi_2 \in \mathrm{Aut}\,(\Gamma)$

（ii）$\varphi_1, \varphi_2, \varphi_3 \in \mathrm{Aut}\,(\Gamma)$ ならば $(\varphi_1 \circ \varphi_2) \circ \varphi_3 = \varphi_1 \circ (\varphi_2 \circ \varphi_3)$
（結合法則）

（iii）$V\Gamma$ 上の恒等置換 $e \in \mathrm{Aut}\,(\Gamma)$

（iv）$\varphi \in \mathrm{Aut}\,(\Gamma)$ ならば $\varphi^{-1} \in \mathrm{Aut}\,(\Gamma)$

ここで，集合 Ω 上の置換群の一般的な定義を述べよう。Ω 上のいくつかの置換の集合 G について，以下の４つの性質を満たすとき，G を Ω 上の**置換群**という。$|\Omega| = n$ のとき G を n 次置換群（**次数** n の置換群）ともいい，$|G|$ を G の**位数**という。

(1) G の任意の元 f, g に対して，$f \circ g$ は G の元である。
この性質を，G は写像の合成 ∘ が**定義されている**という。

(2) G の任意の元 f, g, h に対して，**結合法則**

$$(f \circ g) \circ h = f \circ (g \circ h)$$

が成り立つ。

(3) G に恒等写像 e があって，

$$f \circ e = e \circ f = f$$

が G のすべての元 f について成り立つ。e を G の**単位元**という。

(4) G の任意の元 f に対して，

$$f \circ g = g \circ f = e$$

となる G の元 g がある。g を f の**逆元**という。

したがって，上で述べた $\mathrm{Aut}\,(\Gamma)$ は $V\Gamma$ 上の置換群であり，以後，これをグラフ Γ の**自己同型群**と呼ぶことにする。なお，置換群をさらに一般化した「群」の定義については本章第4節で，また群のいろいろな例については，拙著『群論入門』（講談社ブルーバックス）で丁寧に述べている。

集合 $\Omega=\{1,2,3,\cdots,n\}$ 上の置換群の例として，Ω 上の恒等置換 e のみからなる**単位群** $\{e\}$，Ω 上の置換全体の集合 S^{Ω} からなる Ω 上の**対称群**，Ω 上の偶置換全体の集合 A^{Ω} からなる Ω 上の**交代群**，これら3つは基本的に重要である。また，S^{Ω} を S_n，A^{Ω} を A_n で表して，それぞれ Ω 上の n 次対称群，Ω 上の n 次交代群という。

例 1

各グラフを Γ として $\mathrm{Aut}\,(\Gamma)$ を求めよう。ただし，e は $V\Gamma$ 上の恒等置換である。

(1)

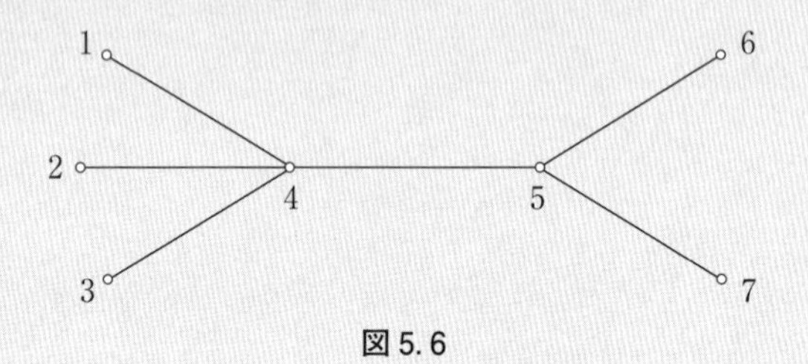

図 5.6

$$\mathrm{Aut}\,(\Gamma) = \left\{\begin{matrix} e, (1\ 2), (1\ 3), (2\ 3), (1\ 2\ 3), (1\ 3\ 2), \\ (6\ 7), (1\ 2)\circ(6\ 7), (1\ 3)\circ(6\ 7), (2\ 3) \\ \circ(6\ 7), (1\ 2\ 3)\circ(6\ 7), (1\ 3\ 2)\circ(6\ 7) \end{matrix}\right\}$$

(2)

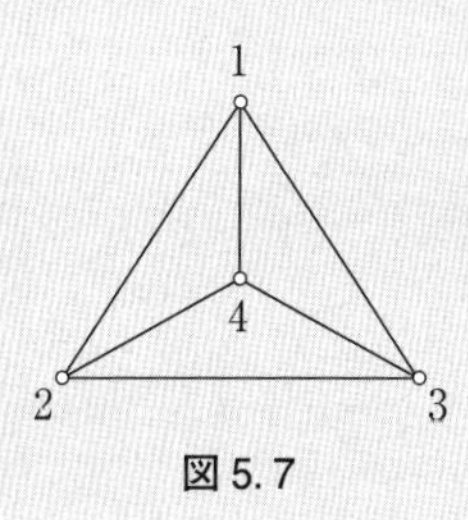

図 5.7

$\mathrm{Aut}\,(\Gamma) = \{1, 2, 3, 4\}$ 上の対称群

(3)

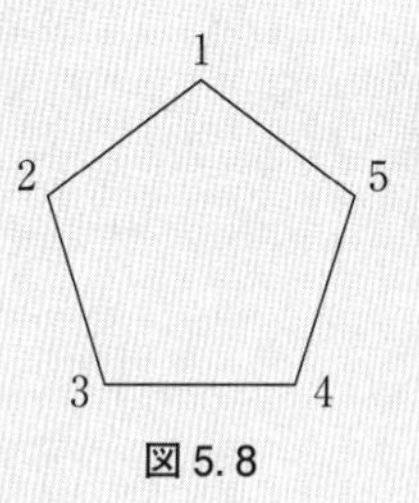

図 5.8

$$\mathrm{Aut}\,(\Gamma) = \left\{\begin{matrix} e, (1\ 2\ 3\ 4\ 5), (1\ 3\ 5\ 2\ 4), (1\ 4\ 2\ 5\ 3), \\ (1\ 5\ 4\ 3\ 2), (2\ 5)\circ(3\ 4), (1\ 3)\circ(4\ 5), \\ (1\ 5)\circ(2\ 4), (1\ 2)\circ(3\ 5), (1\ 4)\circ(2\ 3) \end{matrix}\right\}$$

(4)

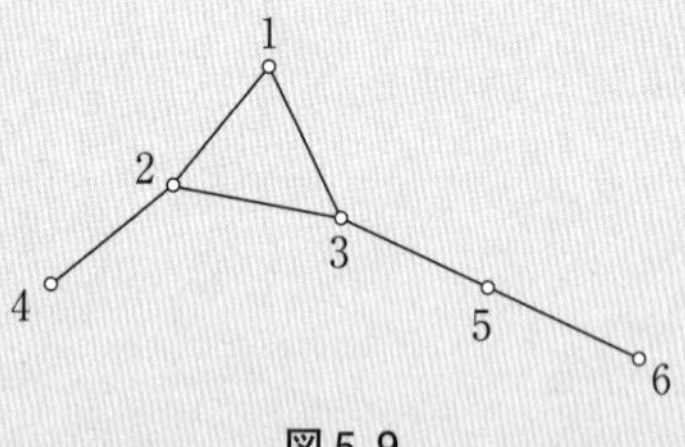

図 5. 9

$$\mathrm{Aut}\,(\Gamma) = \{e\}$$

(5)

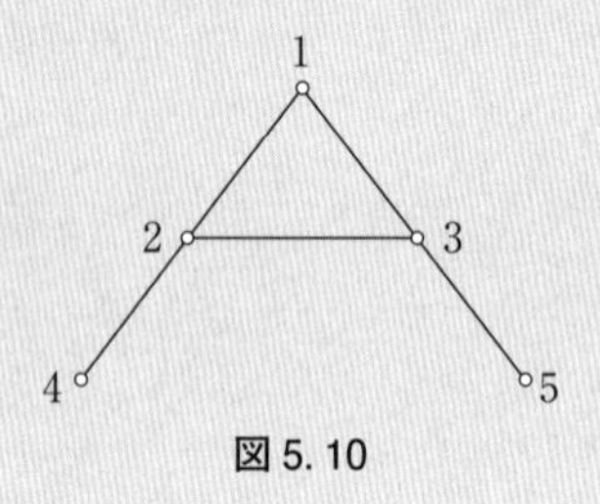

図 5. 10

$$\mathrm{Aut}\,(\Gamma) = \{e, (2\ \ 3)\circ(4\ \ 5)\}$$

(6)

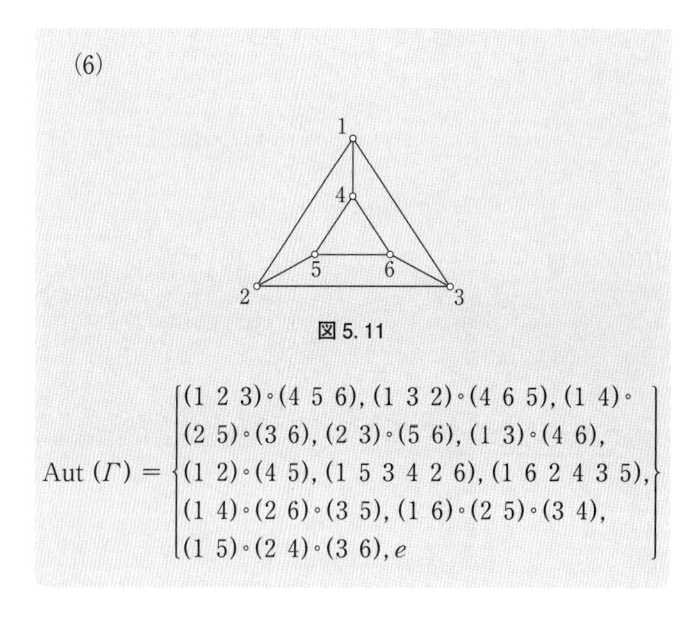

図 5.11

$$\mathrm{Aut}\,(\Gamma) = \left\{\begin{array}{l} (1\ 2\ 3)\circ(4\ 5\ 6),\ (1\ 3\ 2)\circ(4\ 6\ 5),\ (1\ 4)\circ \\ (2\ 5)\circ(3\ 6),\ (2\ 3)\circ(5\ 6),\ (1\ 3)\circ(4\ 6), \\ (1\ 2)\circ(4\ 5),\ (1\ 5\ 3\ 4\ 2\ 6),\ (1\ 6\ 2\ 4\ 3\ 5), \\ (1\ 4)\circ(2\ 6)\circ(3\ 5),\ (1\ 6)\circ(2\ 5)\circ(3\ 4), \\ (1\ 5)\circ(2\ 4)\circ(3\ 6),\ e \end{array}\right\}$$

次に，一般に組合せ構造の自己同型写像全体からなる自己同型群の位数を求めるときに便利な，置換群に関する定理を紹介しよう。この定理は普通，部分群とか剰余類などの用語を用いて証明するが，ここではそれらを用いないで素朴に証明する。

まず，集合 Ω 上の置換群 G と Ω の任意の元 α に対して，

$$G_\alpha = \{g \in G \mid g(\alpha) = \alpha\}, \quad G(\alpha) = \{g(\alpha) \mid g \in G\}$$

とおく。この定義のもとで，次の定理が成り立つ。

定理

有限集合群 Ω 上の置換群 G と Ω の任意の元 α に対して，

$$|G| = |G(\alpha)|\cdot|G_\alpha|$$

が成り立つ。

証明

$$G(\alpha) = \{\alpha=\alpha_1, \alpha_2, \alpha_3, \cdots, \alpha_s\} \quad (\alpha_i \neq \alpha_j (i \neq j))$$

と置いて，各 $i (i=1, 2, \cdots, s)$ について，

$$g_i(\alpha) = \alpha_i$$

となる $g_i \in G$ をとる。そして，

$$g_i G_\alpha = \{g_i h \mid h \in G_\alpha\}$$

と置くことにより，

$$G = g_1 G_\alpha \cup g_2 G_\alpha \cup \cdots \cup g_s G_\alpha,$$
$$g_i G_\alpha \cap g_j G_\alpha = \phi \quad (i \neq j) \quad \cdots \quad ①$$

となる。なぜならば，g_i と G_α の任意の元 h に対し，

$$g_i h(\alpha) = \alpha_i$$

であるから，$i \neq j$ のとき $g_i G_\alpha \cap g_j G_\alpha = \phi$ となる。

また，G の任意の元 g に対し，

$$g(\alpha) = \alpha_i$$

となる α_i がある $(1 \leq i \leq s)$。そこで，

$$g_i{}^{-1}g(\alpha) = g_i{}^{-1}(\alpha_i)$$
$$g_i{}^{-1}g(\alpha) = \alpha$$

となるので，

$$g_i{}^{-1}g \in G_\alpha$$

それゆえ

$$g \in g_i G_\alpha$$

を得る。これは，

$$G = g_1 G_\alpha \cup g_2 G_\alpha \cup \cdots \cup g_s G_\alpha$$

を意味している。

さらに，任意の $i(1 \leq i \leq s)$ に対し，

$$|g_i G_\alpha| = |G_\alpha| \quad \cdots \quad ②$$

である。なぜならば，G_α の相異なる任意の元 x, y に対し，

$$g_i x \neq g_i y$$

が成り立つからである。

以上から，①と②により

$$|G| = s \cdot |G_\alpha| = |G(\alpha)| \cdot |G_\alpha|$$

を得る。

証明終り))))))))

上の定理は，あらゆる組合せ構造に適用できるものである。第1節で述べた正多角形や正多面体の合同変換全体の個数もその発想を用いている。次の例2は定理を用いてグラフの自己同型群の位数を求めるものであり，第4節ではデザインの自己同型群の位数を求めるときに使う。

例 2

定理を用いて，各グラフΓについての$|\mathrm{Aut}\,(\Gamma)|$を求めよう。ただし，eは$V\Gamma$上の恒等置換で，$G=\mathrm{Aut}\,(\Gamma)$である。

(1)（例1の(6)）

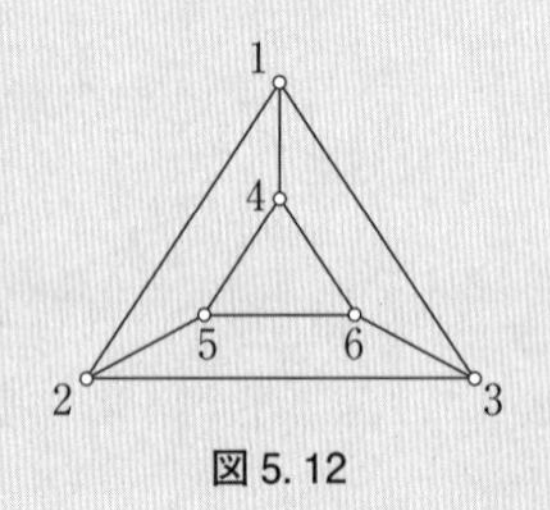

図 5.12

$$(1\ 2\ 3)\circ(4\ 5\ 6),\ (1\ 4)\circ(2\ 5)\circ(3\ 6)\in G$$

であるので，$G(1)=\{1,2,3,4,5,6\}$であることが分かる。

また，$|G_1|=2$であることは，以下のようにして分かる。頂点1から距離が2の頂点は5と6である。したがってG_1の任意の元は，$\{5,6\}$上で(5) (6)と作用する

か，(5 6) と作用するかのどちらかである。いずれの場合も，頂点 4 は固定せざるを得ない。それゆえ，

$$G_1 = \{e, (2\ 3)\circ(5\ 6)\}$$

を得る。そこで定理を用いて，

$$|G| = |G(1)|\cdot|G_1| = 6\times 2 = 12$$

が成り立つ。

(2)

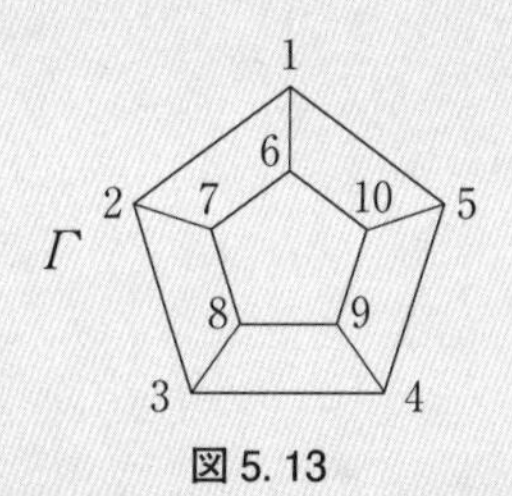

図 5. 13

$$G \ni (1\ 2\ 3\ 4\ 5)(6\ 7\ 8\ 9\ 10),$$
$$(1\ 6)(2\ 7)(3\ 8)(4\ 9)(5\ 10)$$

であるから（置換の合成記号 ∘ は省略），

$$G(1) = V\Gamma = \{1, 2, 3, \cdots, 10\}$$

であることが分かる。また，

$$G_1 = \{e, (2\ 5)(3\ 4)(7\ 10)(8\ 9)\} \quad \cdots \quad (*)$$

である。なぜならば，

$$|G_1| = |G_1(2)|\cdot|(G_1)_2|$$

であり，頂点1，2を通る長さ4のサイクルは $(1,2,7,6)$ しかない。それゆえ，$(G_1)_2$ の元は頂点7，6も固定するので，$(G_1)_2=\{e\}$ が導かれる。

一方，$G_1(2)=\{2,5\}$ でないとすると，$G_1(2)=\{2,5,6\}$ となるので，この場合，

$$g(1) = 1,\quad g(2) = 6$$

という元 g が G にあることになる。

このとき，7は2と隣接なので，$g(7)$ は6と隣接な7か10のどちらかである。$g(7)=7$ ならば，6は1と7両方に隣接なので，$g(6)=2$ となる。そして，1と隣接な5については $g(5)=5$ でなくてはならない。このとき，6と5両方に隣接な10について $g(10)$ の候補は無くなり，矛盾が導かれる。

また $g(7)=10$ ならば，6は1と7両方に隣接なので，$g(6)=5$ となる。そして，1と隣接な5については $g(5)=2$ でなくてはならない。このとき，6と5両方に隣接な10について $g(10)$ の候補は無くなり，矛盾が導かれる。

以上から（＊）が導かれ，

$$|G| = |G(1)|\cdot|G_1| = 10\times 2 = 20$$

を得る。

(3)

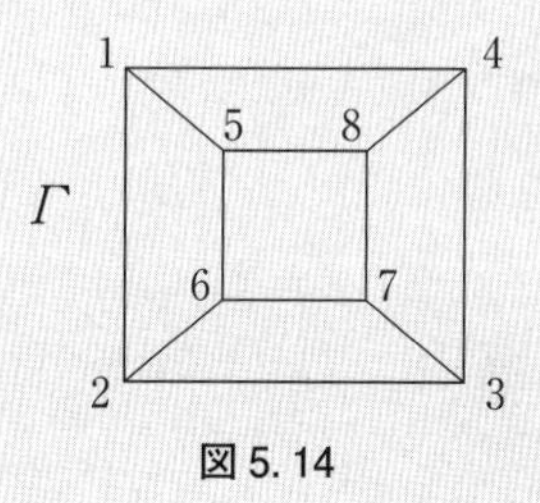

図 5. 14

Aut $(\Gamma)=G$ とおくと，G は下図で示した立方体の合同変換全体と見なすことができる部分集合をもつ。

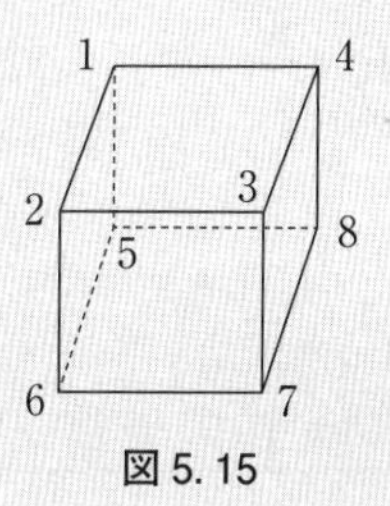

図 5. 15

そこで，

$$G(1) = V\Gamma = \{1, 2, 3, \cdots, 8\}$$
$$G_1 \supseteq \{e, (2\ 4\ 5)(6\ 3\ 8), (2\ 5\ 4)(6\ 8\ 3)\}$$

となる。さらにグラフ Γ において，

$$G_1 \ni (6\ 8)(2\ 4)$$

であるので,

$$G_1 \neq \{e, (2\ 4\ 5)(6\ 3\ 8), (2\ 5\ 4)(6\ 8\ 3)\}$$

である。ここで,

$$|G_1| = |G_1(2)|\cdot|(G_1)_2|$$
$$G_1(2) = \{2, 4, 5\}$$
$$(G_1)_2 = \{e, (4\ 5)(3\ 6)\}$$

が成り立つことが分かるので,

$$|G_1| = 3\times 2 = 6,$$

それゆえ

$$|G| = |G(1)|\cdot|G_1| = 8\times 6 = 48$$

を得る。

5.3 偶置換・奇置換の一意性の証明その 3

本節では，初めに差積という多項式を用いて偶置換・奇置換の一意性を証明する。次に関連する話題として，対称式に関する重要な性質を証明しよう。

定理 1 $\Omega=\{1, 2, 3, \cdots, n\}$ 上の任意の置換をいくつかの互換の合成として表すとき，互換の個数が偶数であるか奇数であるかは一意的に定まる。

定理の証明の前に，n 変数 $x_1, x_2, \cdots, x_n$ の任意の多項式 f と Ω 上の任意の置換 σ に対し，

$$\sigma(f(x_1, x_2, \cdots, x_n)) = f(x_{\sigma(1)}, x_{\sigma(2)}, \cdots, x_{\sigma(n)})$$

と定める。また，$x_1, x_2, \cdots, x_n$ の差積と呼ばれる多項式を次のように定める。

$$\Delta(x_1, x_2, \cdots, x_n) = \prod_{i<j}(x_i - x_j)$$

定理１の証明

Ω 上の任意の互換 $\sigma=(i\ j)$ に対し $\sigma(\Delta(x_1, x_2, \cdots, x_n))$ を考えると，以下の図から

$$\sigma(\Delta(x_1, x_2, \cdots, x_n)) = -\Delta(x_1, x_2, \cdots, x_n)$$

であることが分かる。ただし，$i<j$ とする。

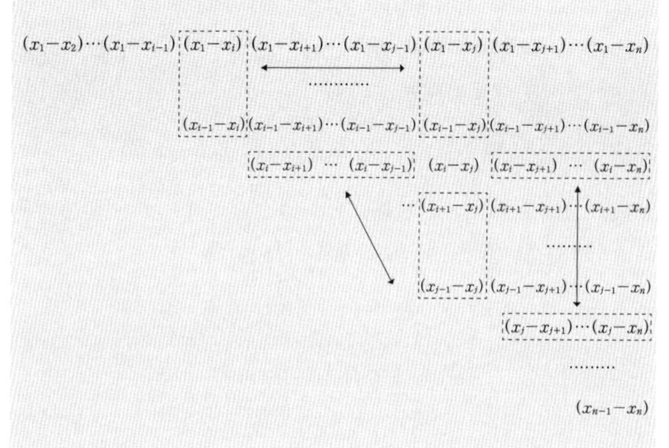

いま，Ω 上の置換 π が，

$$\pi = \sigma_1 \circ \sigma_2 \circ \cdots \circ \sigma_s = \tau_1 \circ \tau_2 \circ \cdots \circ \tau_t$$

というように，互換 $\sigma_1, \sigma_2, \cdots, \sigma_s$ の合成，および $\tau_1, \tau_2, \cdots, \tau_t$ の合成として2通りに表されたとする。このとき，

$$\sigma_1 \circ \sigma_2 \circ \cdots \circ \sigma_s(\Delta(x_1, x_2, \cdots, x_n)) \\ = \tau_1 \circ \tau_2 \circ \cdots \circ \tau_t(\Delta(x_1, x_2, \cdots, x_n))$$

から，

$$(-1)^s(\Delta(x_1, x_2, \cdots, x_n)) = (-1)^t(\Delta(x_1, x_2, \cdots, x_n)) \\ (-1)^s = (-1)^t$$

が導かれる。よって，s と t の偶奇性は一致する。

証明終り)))))))

次に，n 変数の多項式 $f(x_1, x_2, \cdots, x_n)$ について，$\Omega = \{1, 2, \cdots, n\}$ 上のすべての置換 σ に対し

$$\sigma(f(x_1, x_2, \cdots, x_n)) = f(x_1, x_2, \cdots, x_n)$$

が成り立つとき，f を**対称式**という。とくに次の n 個の対称式を，n 変数 $x_1, x_2, \cdots, x_n$ の**基本対称式**という。

$$s_1 = x_1 + x_2 + x_3 + \cdots + x_n$$

$$s_2 = \sum_{i<j} x_i x_j$$

$$\vdots$$

$$s_r = \sum_{i_1<i_2<\cdots<i_r} x_{i_1} x_{i_2} \cdots x_{i_r}$$

$$\vdots$$

$$s_n = x_1 x_2 x_3 \cdots x_n$$

上記のもとで，次の定理２が成り立つ。もっとも最近は，この定理の証明は数学を専攻する学生諸君でもあまり学ばなくなってきたように感じる。証明に分かり難い面があるかもしれないと考え，なるべく丁寧な証明を述べるようにしよう。

定理２　n 変数の対称式 $f(x_1, x_2, \cdots, x_n)$ は，基本対称式 $s_1, s_2, \cdots, s_n$ の多項式として表される。

証明

まず，$f(x_1, x_2, \cdots, x_n)$ が

$$a{x_1}^{e_1}{x_2}^{e_2}\cdots{x_n}^{e_n} \quad (a：係数,\ e_1, e_2, \cdots, e_n \geqq 0)$$

という項を含むならば，対称式の定義により $\Omega=\{1, 2, \cdots, n\}$ 上の任意の置換 σ について，

$$a{x_{\sigma(1)}}^{e_1}\ {x_{\sigma(2)}}^{e_2}\ \cdots\ {x_{\sigma(n)}}^{e_n}$$

という項は $f(x_1, x_2, \cdots, x_n)$ に必ず含まれる。そこで S^{Ω} を Ω 上の対称群として，σ を S^{Ω} の元として動かしてできる相異なる ${x_{\sigma(1)}}^{e_1}\ {x_{\sigma(2)}}^{e_2}\ \cdots\ {x_{\sigma(n)}}^{e_n}$ 全体の和を $P\langle e_1, e_2, \cdots, e_n\rangle$ とおくと，$aP\langle e_1, e_2, \cdots, e_n\rangle$ は $f(x_1, x_2, \cdots, x_n)$

に含まれる。ここで，$P\langle e_1, e_2, \cdots, e_n\rangle$ の表記に関して，

$$e_1 \geq e_2 \geq \cdots \geq e_n$$

という条件を付けても構わないので，以下そのように扱うものとする。

ここで，誤解がないことを確かめるために，

$$n = 3, \quad x = x_1, \quad y = x_2, \quad z = x_3$$

として $P\langle e_1, e_2, e_3\rangle$ の例を挙げておく。

$$\begin{aligned} P\langle 3, 2, 1\rangle &= x^3y^2z + x^3z^2y + y^3x^2z \\ &\quad + y^3z^2x + z^3x^2y + z^3y^2x \\ P\langle 2, 2, 1\rangle &= x^2y^2z + x^2z^2y + y^2z^2x \\ P\langle 1, 0, 0\rangle &= x + y + z \end{aligned}$$

以上をまとめると，ある整数 m と，相異なる m 個の

$$P\langle e_{11}, e_{12}, \cdots, e_{1n}\rangle, P\langle e_{21}, e_{22}, \cdots, e_{2n}\rangle, \cdots, P\langle e_{m1}, e_{m2}, \cdots, e_{mn}\rangle$$

と，m 個の係数 $a_1, a_2, \cdots, a_m$ があって，

$$f(x_1, x_2, \cdots, x_n) = \sum_{i=1}^{m} a_i P\langle e_{i1}, e_{i2}, \cdots, e_{in}\rangle \quad \cdots \quad (*)$$

と表すことができる。ただし，各 i について

$$e_{i1} \geq e_{i2} \geq \cdots \geq e_{in}$$

を満たし，また $i \neq j$ ならば

$$(e_{i1}, e_{i2}, \cdots, e_{in}) \neq (e_{j1}, e_{j2}, \cdots, e_{jn})$$

を満たす（ある k について $e_{ik} \neq e_{jk}$ のとき，上不等式は成り立つと考えている)。

次に，$P\langle e_1, e_2, \cdots, e_n\rangle$ という形の多項式全体に，以下のように順番を付ける。なお，$P\langle 0, 0, \cdots, 0\rangle$ は１を表すものとする。また，この順番付けを（★）とする。

$$
\begin{aligned}
&P\langle 0, 0, \cdots, 0\rangle = 1 \\
&P\langle 1, 0, \cdots, 0\rangle = x_1 + x_2 + \cdots + x_n = s_1 \\
&P\langle 1, 1, 0, \cdots, 0\rangle = s_2 \\
&P\langle 1, 1, 1, 0, \cdots, 0\rangle = s_3 \\
&\qquad\vdots \\
&P\langle 1, 1, 1, \cdots, 1\rangle = s_n \\
&P\langle 2, 0, 0, \cdots, 0\rangle \\
&P\langle 2, 1, 0, \cdots, 0\rangle \\
&P\langle 2, 1, 1, 0, \cdots, 0\rangle \\
&\qquad\vdots \\
&P\langle 2, 1, 1, \cdots, 1\rangle \\
&P\langle 2, 2, 0, \cdots, 0\rangle \\
&P\langle 2, 2, 1, 0, \cdots, 0\rangle \\
&\qquad\vdots \\
&P\langle 2, 2, 1, 1, \cdots, 1\rangle \\
&P\langle 2, 2, 2, 0, \cdots, 0\rangle \\
&P\langle 2, 2, 2, 1, 0, \cdots, 0\rangle \\
&\qquad\vdots
\end{aligned}
$$

$$P\langle 2,2,2,1,1,\cdots,1\rangle$$
$$\vdots$$
$$P\langle 2,2,2,\cdots,2\rangle$$
$$P\langle 3,0,0,\cdots,0\rangle$$
$$P\langle 3,1,0,\cdots,0\rangle$$
$$\vdots$$

上の定義（順番付け（★））を一般的に述べると，$P\langle e_1, e_2, \cdots, e_n\rangle$ が $P\langle f_1, f_2, \cdots, f_n\rangle$ より前にあるとは，ある k があって，

$$e_1 = f_1, \cdots, e_{k-1} = f_{k-1}, e_k < f_k$$

を満たすことである。

上記のように順番付けることが，この証明の鍵である。それによって，以下のように数学的帰納法を使えるのである。すなわち，この順番による数学的帰納法によって，「すべての $P\langle e_1, e_2, \cdots, e_n\rangle$ は $s_1, s_2, \cdots, s_n$ の多項式として表せる」ことを示す。それによって，定理の証明は終る。

$$P\langle 0,0,\cdots,0\rangle = 1,\quad P\langle 1,0,\cdots,0\rangle = x_1 + x_2 + \cdots + x_n = s_1$$

なので，最初の2つに関しては成り立つ。

次に，$P\langle e_1, e_2, \cdots, e_n\rangle$ の直前のものまでは，$s_1, s_2, \cdots, s_n$ の多項式として表せると仮定して，$P\langle e_1, e_2, \cdots, e_n\rangle$ も $s_1, s_2, \cdots, s_n$ の多項式として表せることを示そう。

そこでテクニカルなことであるが，

$$☆ = P\langle e_1, e_2, \cdots, e_n\rangle - {s_1}^{e_1-e_2}{s_2}^{e_2-e_3}\cdots{s_{n-1}}^{e_{n-1}-e_n}{s_n}^{e_n}$$

という多項式を考えよう。この定義式より，☆は明らかに対称式である。そして，☆が上で定めた順番付け（★）で，$P\langle e_1, e_2, \cdots, e_n\rangle$ より前にあることを示せば，数学的帰納法の仮定と☆の定義式を用いて，$P\langle e_1, e_2, \cdots, e_n\rangle$ は $s_1, s_2, \cdots, s_n$ の多項式として表せることになる。そのためには，対称式

$${s_1}^{e_1-e_2}{s_2}^{e_2-e_3}\cdots{s_{n-1}}^{e_{n-1}-e_n}{s_n}^{e_n}$$

を次のように，（＊）と同じように表すことを考える。

$$\begin{aligned}&{s_1}^{e_1-e_2}{s_2}^{e_2-e_3}\cdots{s_{n-1}}^{e_{n-1}-e_n}{s_n}^{e_n}\\&= \sum_{i=1}^{r} b_i P\langle h_{i1}, h_{i2}, \cdots, h_{in}\rangle\end{aligned}$$

なお上式においては，各 b_i は正としてよい。いま，

$$\begin{aligned}&P\langle h_{11}, h_{12}, \cdots, h_{1n}\rangle, P\langle h_{21}, h_{22}, \cdots, h_{2n}\rangle,\\&\cdots, P\langle h_{r1}, h_{r2}, \cdots, h_{rn}\rangle\end{aligned}$$

のうちで，順番付け（★）で最後になるものを考えよう。それを改めて

$$P\langle h_1, h_2, \cdots, h_n\rangle = P\langle h_{11}, h_{12}, \cdots, h_{1n}\rangle$$

とおいて，x_1 の次数が h_1，x_2 の次数が h_2，x_3 の次数が h_3，……，x_n の次数が h_n となる項 $g(x_1, x_2, \cdots, x_n)$ を見ると，

s_1 における x_1 だけ e_1-e_2 個掛けて，

s_2 における x_1x_2 だけ e_2-e_3 個掛けて，

$$\vdots$$

s_{n-1} における $x_1x_2\cdots x_{n-1}$ だけ $e_{n-1}-e_n$ 個掛けて，

s_n を e_n 個掛ける

ことになり，この形は $s_1{}^{e_1-e_2}s_2{}^{e_2-e_3}\cdots s_{n-1}{}^{e_{n-1}-e_n}s_n{}^{e_n}$ の展開における唯一の掛け方である。

ここで，項 $g(x_1, x_2, \cdots, x_n)$ の各 $x_i(i=1, 2, \cdots, n)$ の次数を見ると，

$$\begin{aligned}
x_1 \text{の次数} &= (e_1-e_2)+(e_2-e_3)+\cdots+(e_{n-1}-e_n)+e_n \\
&= e_1 \\
x_2 \text{の次数} &= (e_2-e_3)+(e_3-e_4)+\cdots+(e_{n-1}-e_n)+e_n \\
&= e_2 \\
&\vdots \\
x_{n-1} \text{の次数} &= (e_{n-1}-e_n)+e_n = e_{n-1} \\
x_n \text{の次数} &= e_n
\end{aligned}$$

となる。

いま σ を S^{Ω} の任意の元とすると，$P\langle h_1, h_2, \cdots, h_n\rangle$ において，$x_{\sigma(1)}$ の次数が h_1, $x_{\sigma(2)}$ の次数が h_2, $x_{\sigma(3)}$ の次数が h_3, ……, $x_{\sigma(n)}$ の次数が h_n となる項を見ても，上で見た $g(x_1, x_2, \cdots, x_n)$ と同じことがいえる。

以上から，

$$b_1 = 1, \quad P\langle h_1, h_2, \cdots, h_n\rangle = P\langle e_1, e_2, \cdots, e_n\rangle$$

となり，前に定めた対称式☆は，順番付け（★）において $P\langle e_1, e_2, \cdots, e_n\rangle$ より前にあることが分かったのである。

証明終り

5.4 デザインの自己同型群と関連するガロア群

本節では，位数２の**射影平面**と呼ばれる２-(7, 3, 1) デザインの自己同型群が，体（たい）$\boldsymbol{Z}_2$ 上の３次線形群と呼ばれる位数 168 の群 $GL(3, 2)$ と一致することを示し，関連するガロア理論の話題を紹介する。

まず，位数２の射影平面は下図で示すように，

点の集合 $\Omega = \{1, 2, 3, 4, 5, 6, 7\}$
直線と呼ばれるブロックの集合 $L = \{l_1, l_2, l_3, l_4, l_5, l_6, l_7\}$
$l_1 = \{1, 2, 3\}$，$l_2 = \{3, 4, 5\}$，$l_3 = \{5, 6, 1\}$，$l_4 = \{2, 4, 6\}$，
$l_5 = \{1, 7, 4\}$，$l_6 = \{2, 7, 5\}$，$l_7 = \{3, 7, 6\}$

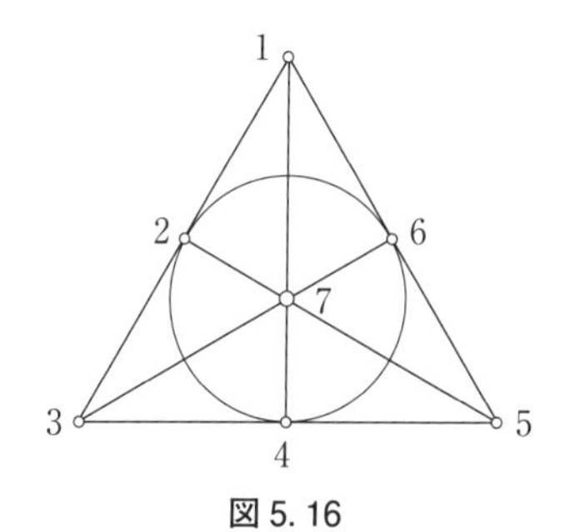

図 5.16

から成る 2 - (7, 3, 1) デザイン (Ω, L) である。

要するに，このデザインの自己同型写像全体，すなわち (Ω, L) から (Ω, L) の上への同型写像全体からなる自己同型群を決定することが一つの目標である。

そのために，$\boldsymbol{Z}_p$（p は素数）という体の世界，そして3行3列の行列の世界の話を準備として述べておく必要がある。それらについて学んでない読者でも，本節の主目標を順にきちんと理解できるようにする配慮からである。

最初に**合同式**を導入しよう。m を自然数，a と b を整数とする。$a-b$ が m の倍数のとき，a と b は m を**法**として**合同**であるといい，記法として

$$a \equiv b \pmod{m}$$

で表す。たとえば，

$$7 \equiv 2 \pmod{5}, \quad -11 \equiv -1 \pmod{5}$$

などが成り立つ。

次の定理は，合同式に関する基本的な性質をまとめたものである。

定理 1

m を自然数，a, b, c, d を整数とするとき，以下が成り立つ。

(1) $a \equiv a \pmod{m}$。

(2) $a \equiv b \pmod{m}$ ならば $b \equiv a \pmod{m}$。

(3) $a \equiv b \pmod{m}$，$b \equiv c \pmod{m}$ ならば $a \equiv c \pmod{m}$。

(4) $a \equiv b \pmod{m}$，$c \equiv d \pmod{m}$ ならば

$a+c \equiv b+d \pmod{m}$,
$a-c \equiv b-d \pmod{m}$。

(5) $a \equiv b \pmod{m}$, $c \equiv d \pmod{m}$ ならば
$ac \equiv bd \pmod{m}$。

証明

(1) と (2) は明らか。

(3) について。

$$a-b = me, \quad b-c = mf$$

となる整数が e, f がある。上式の辺々を加えると,

$$a-b+b-c = me+mf$$
$$a-c = m(e+f)$$

となるので,

$$a \equiv c \pmod{m}$$

が成り立つ。

(4) について。

$$a-b = me, \quad c-d = mf$$

となる整数が e, f がある。上式の辺々を加えると,

$$a-b+c-d = me+mf$$
$$(a+c)-(b+d) = m(e+f)$$

となるので,

$$a+c \equiv b+d \pmod{m}$$

が成り立つ。同様にして，

$$a-c \equiv b-d \pmod{m}$$

も成り立つ。

(5) について。

$$a-b = me, \quad c-d = mf$$

となる整数が e, f がある。

$$a = b+me, \quad c = d+mf$$

であり，上式の辺々を掛けると，

$$\begin{aligned} ac &= (b+me)(d+mf) \\ &= bd+m(bf+de+mef) \end{aligned}$$

となるので，

$$ac \equiv bd \pmod{m}$$

が成り立つ。

証明終り)))))))

次に，m を 2 以上の整数とするとき，任意の整数 i に対し，

$$S_i = \{m \text{ を法として } i \text{ と合同な整数全体}\}$$

と定める。このとき，

$S_0=\{m$ で割り切れる整数全体$\}$
$S_1=\{m$ で割って余り１の整数全体$\}$
$S_2=\{m$ で割って余り２の整数全体$\}$
$\vdots$
$S_{m-1}=\{m$ で割って余り $m-1$ の整数全体$\}$

となる。そして，$\boldsymbol{Z}$ は $S_0, S_1, S_2, \cdots, S_{m-1}$ の和集合となり，さらに $i\neq j$ のとき S_i と S_j の共通集合は空集合である。これを，$\boldsymbol{Z}$ は $S_0, S_1, S_2, \cdots, S_{m-1}$ によって**直和分割**されるという。

例１

$m=5$ のとき，$\boldsymbol{Z}$ は

$$
\begin{aligned}
S_0 &= \{\cdots, -10, -5, 0, 5, 10, \cdots\}\\
S_1 &= \{\cdots, -9, -4, 1, 6, 11, \cdots\}\\
S_2 &= \{\cdots, -8, -3, 2, 7, 12, \cdots\}\\
S_3 &= \{\cdots, -7, -2, 3, 8, 13, \cdots\}\\
S_4 &= \{\cdots, -6, -1, 4, 9, 14, \cdots\}
\end{aligned}
$$

によって直和分割される。

さて，

$$i\equiv i'(\mathrm{mod}\ m),\quad j\equiv j'(\mathrm{mod}\ m)$$

を満たす任意の整数 i, i', j, j' に対し，定理１より

$$i+j\equiv i'+j'(\mathrm{mod}\ m)\quad\cdots\quad ①$$
$$i\cdot j\equiv i'\cdot j'(\mathrm{mod}\ m)\quad\cdots\quad ②$$

が成り立つ。そこで，$S_0, S_1, S_2, \cdots, S_{m-1}$ を元（要素）とする新たな集合

$$\boldsymbol{Z}_m = \{S_0, S_1, S_2, \cdots, S_{m-1}\}$$

を考えると，以下のような演算 $\oplus, \otimes$ を $\boldsymbol{Z}_m$ に導入できる。

$$S_i \oplus S_j = S_{i+j} \quad \cdots \quad ③$$
$$S_i \otimes S_j = S_{ij} \quad \cdots \quad ④$$

なぜならば，①と②により，$S_i = S_{i'}, S_j = S_{j'}$ ならば

$$S_{i+j} = S_{i'+j'}, \quad S_{ij} = S_{i'j'}$$

が成り立つ。したがって，③と④のように定義して問題がないのである。

例 2

$\boldsymbol{Z}_5$ において，

$$S_2 \oplus S_3 = S_0, \quad S_2 \otimes S_3 = S_1。$$

$\boldsymbol{Z}_7$ において，

$$S_4 \oplus S_4 = S_1, \quad S_4 \otimes S_4 = S_2。$$

ここで，広く一般に用いられている記法を紹介する。$\boldsymbol{Z}_m$

の元 S_i を $\overline{i}$ で表し，$\boldsymbol{Z}_m$ における演算 $\oplus, \otimes$ をそれぞれ普通の和，積と同じ $+, \times(\cdot)$ で表す。もちろん，$+$ と $\times(\cdot)$ は実数 a, b の間で用いるものとは意味が違う。それらの記法によって例2を書き直すと，次のようになる。

例 2′

$\boldsymbol{Z}_5$ において，

$$\overline{2}+\overline{3}=\overline{0},\quad \overline{2}\cdot\overline{3}=\overline{1}。$$

$\boldsymbol{Z}_7$ において，

$$\overline{4}+\overline{4}=\overline{1},\quad \overline{4}\cdot\overline{4}=\overline{2}。$$

次の定理は体 $\boldsymbol{Z}_p$（p は素数）の導入に必要なものである。

定理 2

m を2以上の整数とすると，次の（1）から（9）が成り立つ。

（1）$\boldsymbol{Z}_m$ の任意の元 $\overline{i}, \overline{j}, \overline{h}$ について，

$$(\overline{i}+\overline{j})+\overline{h}=\overline{i}+(\overline{j}+\overline{h})。$$

（2）$\boldsymbol{Z}_m$ の任意の元 $\overline{i}$ について，

$$\overline{i}+\overline{0}=\overline{0}+\overline{i}=\overline{i}。$$

（3）$\boldsymbol{Z}_m$ の任意の元 $\overline{i}$ に対し，

$$\overline{i}+\overline{j}=\overline{j}+\overline{i}=\overline{0}$$

となる $\boldsymbol{Z}_m$ の元 $\bar{j}$ がある。

(4) $\boldsymbol{Z}_m$ の任意の元 $\bar{i}, \bar{j}$ について，

$$\bar{i}+\bar{j} = \bar{j}+\bar{i}。$$

(5) $\boldsymbol{Z}_m$ の任意の元 $\bar{i}, \bar{j}, \bar{h}$ について，

$$(\bar{i}\cdot\bar{j})\cdot\bar{h} = \bar{i}\cdot(\bar{j}\cdot\bar{h})。$$

(6) $\boldsymbol{Z}_m$ の任意の元 $\bar{i}$ について，

$$\bar{i}\cdot\bar{1} = \bar{1}\cdot\bar{i} = \bar{i}。$$

(7) $\boldsymbol{Z}_m$ の任意の元 $\bar{i}, \bar{j}$ に対し，

$$\bar{i}\cdot\bar{j} = \bar{j}\cdot\bar{i}。$$

(8) $\boldsymbol{Z}_m$ の任意の元 $\bar{i}, \bar{j}, \bar{h}$ について，

$$\bar{i}\cdot(\bar{j}+\bar{h}) = \bar{i}\cdot\bar{j}+\bar{i}\cdot\bar{h}$$
$$(\bar{i}+\bar{j})\cdot\bar{h} = \bar{i}\cdot\bar{h}+\bar{j}\cdot\bar{h}。$$

(9) とくに m が素数 p のとき，$\boldsymbol{Z}_p$ の $\bar{0}$ 以外の任意の元 $\bar{i}\,(1\leq i\leq p-1)$ に対し，

$$\bar{i}\cdot\bar{j} = \bar{j}\cdot\bar{i} = \bar{1}$$

となる $\boldsymbol{Z}_p$ の元 $\bar{j}$ がある。

証明

(1) について。

$$
\begin{aligned}
(\bar{i}+\bar{j})+\bar{h} &= \overline{i+j}+\bar{h} \\
&= \overline{i+j+h} \\
&= \bar{i}+\overline{j+h} \\
&= \bar{i}+(\bar{j}+\bar{h})
\end{aligned}
$$

(2) について。

$$\bar{i}+\bar{0}=\overline{i+0}=\bar{i}=\overline{0+i}=\bar{0}+\bar{i}$$

(3) について。$\bar{j}=\overline{-i}$ とおくと，

$$\bar{i}+\bar{j}=\overline{i+(-i)}=\bar{0}=\overline{(-i)+i}=\bar{j}+\bar{i}。$$

(4) について。

$$\bar{i}+\bar{j}=\overline{i+j}=\overline{j+i}=\bar{j}+\bar{i}。$$

(5) について。

$$(\bar{i}\cdot\bar{j})\cdot\bar{h}=\overline{i\cdot j}\cdot\bar{h}=\overline{ijh}=\bar{i}\cdot\overline{j\cdot h}=\bar{i}\cdot(\bar{j}\cdot\bar{h})。$$

(6) について。

$$\bar{i}\cdot\bar{1}=\overline{i\cdot 1}=\bar{i}=\overline{1\cdot i}=\bar{1}\cdot\bar{i}。$$

(7) について。

$$\bar{i}\cdot\bar{j}=\overline{ij}=\overline{ji}=\bar{j}\cdot\bar{i}。$$

(8) について。

$$\bar{i}\cdot(\bar{j}+\bar{h}) = \bar{i}\cdot\overline{j+h} = \overline{i(j+h)} = \overline{ij+ih}$$
$$= \overline{ij}+\overline{ih} = \bar{i}\cdot\bar{j}+\bar{i}\cdot\bar{h}。$$

2つ目の式は (7) と上式を用いて，

$$(\bar{i}+\bar{j})\cdot\bar{h} = \bar{h}\cdot(\bar{i}+\bar{j}) = \bar{h}\cdot\bar{i}+\bar{h}\cdot\bar{j} = \bar{i}\cdot\bar{h}+\bar{j}\cdot\bar{h}。$$

(9) について。

$\bar{i}\cdot\bar{1}, \bar{i}\cdot\bar{2}, \cdots, \bar{i}\cdot\overline{p-1}$ はすべて $\boldsymbol{Z}_p$ の元である。また，$i\cdot 1, i\cdot 2, \cdots, i\cdot(p-1)$ のどれも p の倍数でないから，$\boldsymbol{Z}_p$ において $\bar{i}\cdot\bar{1}, \bar{i}\cdot\bar{2}, \cdots, \bar{i}\cdot\overline{p-1}$ はどれも $\bar{0}$ ではない。さらに，それらは互いに異なる $\boldsymbol{Z}_p$ の元になる。なぜならば，$1\leq h<k\leq p-1$ となる h, k に対して

$$\bar{i}\cdot\bar{k} = \bar{i}\cdot\bar{h}$$

とすると，

$$\overline{ik} = \overline{ih}$$
$$ik-ih \equiv 0 \pmod{p}$$

となるので，

$$ik-ih = i(k-h)$$

は p の倍数となって，矛盾である。

したがって，$\bar{i}\cdot\bar{1}, \bar{i}\cdot\bar{2}, \cdots, \bar{i}\cdot\overline{p-1}$ はどれも $\bar{0}$ ではなく，それらは異なる $p-1$ 個の元となるので，$\boldsymbol{Z}_p$ の部分集合

$$\{\bar{i}\cdot\bar{1}, \bar{i}\cdot\bar{2}, \cdots, \bar{i}\cdot\overline{p-1}\}$$

は，$\boldsymbol{Z}_p$ の集合

$$\{\bar{1}, \bar{2}, \cdots, \overline{p-1}\}$$

と一致する。よって，

$$\bar{i} \cdot \bar{j} = \bar{1}$$

となる $\boldsymbol{Z}_p$ の元 $\bar{j}$ が存在することになる。

証明終り)))))))

なお記法であるが，(3) における $\bar{j}$ を $-\bar{i}$ で，(9) における $\bar{j}$ を $(\bar{i})^{-1}$ で表す。また一般に，$\bar{x}+(-\bar{y})$ を $\bar{x}-\bar{y}$ で表す。

よく知られている有理数全体の集合 $\boldsymbol{Q}$，実数全体の集合 $\boldsymbol{R}$，複素数全体の集合 $\boldsymbol{C}$，それに上で導入した $\boldsymbol{Z}_p$ などを一般化させたものとして，体がある。ここで，群と体の定義をまとめて述べよう。

その前に，集合 X と演算記号 $*$ があって，X の任意の元 x, y に対して X の元 $x * y$ が定まるとき，集合 X に演算 $*$ は**定義される**という。このとき，集合 X では演算 $*$ が**閉じている**ともいう。

$\boldsymbol{Q}$ から 0 を除いた集合 $\boldsymbol{Q}-\{0\}$ に演算 $\times$ は定義されるが，演算 $+$ は定義されない。実際，$1+(-1)=0$ である。また，任意の集合 Ω に対し，Ω 上の置換全体の集合 S^{Ω} に演算 $\circ$（写像の合成）は定義される。また任意の有限集合 Ω に対し，Ω 上の偶置換全体の集合 A^{Ω} に演算 $\circ$ は定義される。

定義（群）

集合Gに演算 $*$ が定義されているとき，次の条件（ｉ），（ii），（iii）を満たすならばGは $*$ に関して**群**であるという。さらに，（iv）も合わせて満たすならば，Gは $*$ に関して**可換群**または**アーベル群**であるという。なお，演算記号をとくに意識する必要がない場合，$a*b$を省略形abや簡略形$a \cdot b$で表すことが普通である。Gの元の個数を$|G|$で表し，群Gの**位数**という。

（ｉ）結合法則が成立。すなわち，Gの任意の元a, b, cに対して

$$(a*b)*c = a(b*c)$$

が成り立つ。

（ii）単位元の存在。すなわち，Gにある元eがあって，Gの任意の元aに対して

$$a*e = e*a = a$$

が成り立つ。eをGの単位元といい，1で表すこともある。

（iii）すべての元に逆元が存在。すなわち，Gの任意の元aに対して，

$$a*b = b*a = e \text{（単位元）}$$

となるGの元bが存在する。このbをaの逆元とよび，普通a^{-1}で表す。

（iv）交換法則が成立。すなわち，Gの任意

の元 a, b に対して

$$a * b = b * a$$

が成り立つ。可換群 G の演算は $+$ で表すこともあり，$a+b$ を a と b の和といい，G を**加法群**という。そして，加法群 G の単位元はとくに**零元**といい，それを 0 で表す。この場合，元 b の逆元を $-b$ で表し，元 a と $(-b)$ の和 $a+(-b)$ を $a-b$ で表す。

本章第２節で取り上げたグラフの自己同型群は，もちろん群の例である。

定義（体）

２つ以上の元をもつ集合 K に２つの演算 $+$ と・が定義されていて次の条件を満たすとき，K を**体**という。

（i）K は $+$ に関して加法群である。この零元を普通 0 で表す。

（ii）$K-\{0\}$ は・に関して可換群である。この単位元を普通 1 で表す。

（iii）K は分配法則を満たす。すなわち，K の任意の元に a, b, c 対して

$$a(b+c) = ab+ac, \quad (a+b)c = ac+bc$$

が成り立つ。

明らかに $\boldsymbol{Q}, \boldsymbol{R}, \boldsymbol{C}$ は体であるが，それらを順に**有理数体**，**実数体**，**複素数体**という。また，定理２で導入した $\boldsymbol{Z}_p$ も体

である。$\boldsymbol{Z}_p$ において，$\bar{0}$ が $+$ に関する零元で，$\bar{1}$ が $\boldsymbol{Z}_p-\{\bar{0}\}$ に関する単位元である。

とくに $\boldsymbol{Z}_p$ のように，有限個の元からなる体を**有限体**という。有限体の**位数**（元の個数）は素数巾 p^e（p：素数，$e \geq 1$）であり，また任意の素数巾 p^e に対し，位数が p^e の有限体は構造としてただ１つ存在する（拙著『今度こそわかるガロア理論』（講談社）の第４章を参照）。

以後，とくに誤解が生じる恐れがない場合，$\boldsymbol{Z}_p$ の元 $\bar{i}$ を単に i で表すことにする。

ここから，本節で用いる行列とベクトルについて説明しよう。扱う数は，一つの固定した体の中で考えることにする。

３行３列の**行列**（３次**正方行列**）とは，

$$\begin{pmatrix} a & b & c \\ d & e & f \\ g & h & i \end{pmatrix}$$

のように，３つの行と３つの列の並びに数を置いたものである。$a, b, c, d, e, f, g, h, i$ を行列を構成する成分という。

３次元**行ベクトル**，３次元**列ベクトル**とは，それぞれ

$$(a \quad b \quad c) = (a, b, c), \quad \begin{pmatrix} a \\ b \\ c \end{pmatrix}$$

のように数を並べて置いたものである。a, b, c をベクトルを構成する**成分**という。

３次正方行列 A, B と３次元列ベクトル $\mathbf{u}, \mathbf{v}$ と数 k に対し，次のように（各種演算を）定義する。ただし，

$$A=\begin{pmatrix} a_{11} & a_{12} & a_{13} \\ a_{21} & a_{22} & a_{23} \\ a_{31} & a_{32} & a_{33} \end{pmatrix}, B=\begin{pmatrix} b_{11} & b_{12} & b_{13} \\ b_{21} & b_{22} & b_{23} \\ b_{31} & b_{32} & b_{33} \end{pmatrix}, \mathbf{u}=\begin{pmatrix} a \\ b \\ c \end{pmatrix}, \mathbf{v}=\begin{pmatrix} d \\ e \\ f \end{pmatrix}$$

$$A+B(A\text{ と }B\text{ の和})=\begin{pmatrix} a_{11}+b_{11} & a_{12}+b_{12} & a_{13}+b_{13} \\ a_{21}+b_{21} & a_{22}+b_{22} & a_{23}+b_{23} \\ a_{31}+b_{31} & a_{32}+b_{32} & a_{33}+b_{33} \end{pmatrix}$$

$$A\cdot B(A\text{ と }B\text{ の積})=\begin{pmatrix} c_{11} & c_{12} & c_{13} \\ c_{21} & c_{22} & c_{23} \\ c_{31} & c_{32} & c_{33} \end{pmatrix}$$

$$c_{ij}=a_{i1}b_{1j}+a_{i2}b_{2j}+a_{i3}b_{3j} \quad (i=1, 2, 3, j=1, 2, 3)$$

$$kA(A\text{ の }k\text{ 倍})=\begin{pmatrix} ka_{11} & ka_{12} & ka_{13} \\ ka_{21} & ka_{22} & ka_{23} \\ ka_{31} & ka_{32} & ka_{33} \end{pmatrix}$$

$$k\mathbf{u}(\mathbf{u}\text{ の }k\text{ 倍})=\begin{pmatrix} ka \\ kb \\ kc \end{pmatrix}$$

$$A\mathbf{u}=\begin{pmatrix} a_{11}a+a_{12}b+a_{13}c \\ a_{21}a+a_{22}b+a_{23}c \\ a_{31}a+a_{32}b+a_{33}c \end{pmatrix}$$

$$\mathbf{u}+\mathbf{v}(\mathbf{u}\text{ と }\mathbf{v}\text{ の和})=\begin{pmatrix} a+d \\ b+e \\ c+f \end{pmatrix}$$

また，

$$-A=(-1)A, \quad -\mathbf{u}=(-1)\mathbf{u}$$
$$A-B=A+(-B), \quad \mathbf{u}-\mathbf{v}=\mathbf{u}+(-\mathbf{v})$$

などを定める。

とくに，3次正方行列

$$\mathbf{O} = \begin{pmatrix} 0 & 0 & 0 \\ 0 & 0 & 0 \\ 0 & 0 & 0 \end{pmatrix}, \quad \mathbf{I} = \begin{pmatrix} 1 & 0 & 0 \\ 0 & 1 & 0 \\ 0 & 0 & 1 \end{pmatrix}$$

を，それぞれ3次**零行列**，3次**単位行列**という。

また，3次元列ベクトル

$$\mathbf{o} = \begin{pmatrix} 0 \\ 0 \\ 0 \end{pmatrix}, \quad \mathbf{e}_1 = \begin{pmatrix} 1 \\ 0 \\ 0 \end{pmatrix}, \quad \mathbf{e}_2 = \begin{pmatrix} 0 \\ 1 \\ 0 \end{pmatrix}, \quad \mathbf{e}_3 = \begin{pmatrix} 0 \\ 0 \\ 1 \end{pmatrix}$$

の最初のものを3次元**零ベクトル**，後の3つを3次元**単位ベクトル**という。

上の定義のもとで，次の定理が成り立つことが分かる。なお，証明はそれぞれの両辺の対応する成分を具体的に比べればよい。

定理 3

A, B, C を3次正方行列，$\mathbf{u}$ と $\mathbf{v}$ を3次元列ベクトル，α と β を数とするとき，以下が成り立つ。

$$(A+B)+C = A+(B+C)$$
$$A+B = B+A$$
$$A+\mathbf{O} = \mathbf{O}+A = A$$
$$(AB)C = A(BC)$$
$$A\mathbf{I} = \mathbf{I}A = A$$
$$A(B+C) = AB+AC$$
$$(A+B)C = AC+BC$$

$$A\mathbf{O} = \mathbf{O}A = \mathbf{O}$$
$$\alpha(A+B) = \alpha A + \alpha B$$
$$(\alpha+\beta)A = \alpha A + \beta A$$
$$(\alpha\beta)A = \alpha(\beta A)$$
$$1A = A,\quad 0A = \mathbf{O}$$
$$(AB)\mathbf{u} = A(B\mathbf{u})$$
$$(\alpha\beta)\mathbf{u} = \alpha(\beta\mathbf{u})$$
$$(\alpha A + \beta B)\mathbf{u} = \alpha(A\mathbf{u}) + \beta(B\mathbf{u})$$

次に，3次正方行列 A に対し，

$$AB = BA = \mathbf{I}$$

となる3次正方行列 B があるとき，A を（3次）**正則行列**という。このとき，B を A の**逆行列**といい，A^{-1} で表す。

例

(1) 係数を実数体の元とする行列の世界において，

$$\begin{pmatrix} 3 & -2 & 2 \\ -4 & 2 & -1 \\ -3 & 1 & 0 \end{pmatrix}^{-1} = \begin{pmatrix} 1 & 2 & -2 \\ 3 & 6 & -5 \\ 2 & 3 & -2 \end{pmatrix}$$

(2) 係数を $\boldsymbol{Z}_5$ の元とする行列の世界において，

$$\begin{pmatrix} 3 & 3 & 2 \\ 1 & 2 & 4 \\ 2 & 1 & 0 \end{pmatrix}^{-1} = \begin{pmatrix} 1 & 2 & 3 \\ 3 & 1 & 0 \\ 2 & 3 & 3 \end{pmatrix}$$

実数体 $\boldsymbol{R}$ の元を係数とする3次正則行列全体からなる集

合を $GL(3, \boldsymbol{R})$，$\boldsymbol{Z}_p$（p は素数）の元を係数とする 3 次正則行列全体からなる集合を $GL(3, p)$ で表し，それぞれ $\boldsymbol{R}$ 上 3 次線形群，$\boldsymbol{Z}_p$ 上 3 次線形群という。このとき，次の定理が成り立つ。

定理 4　$GL(3, \boldsymbol{R})$ と $GL(3, p)$ は，行列の積に関して群である。

証明

（$GL(3, \boldsymbol{R})$ と $GL(3, p)$ の証明は同じ）

定理 3 より，$GL(3, \boldsymbol{R})$ と $GL(3, p)$ のどちらにおいても結合法則は成り立ち，$\mathbf{I}$ が単位元である。

また，A が正則行列ならば，その定義より A^{-1} も正則行列である。

さらに，A と B を正則行列とすると，

$$(AB)^{-1} = B^{-1}A^{-1}$$

である。実際，行列の積に関する結合法則を用いて，

$$(B^{-1}A^{-1})(AB) = \{B^{-1}(A^{-1}A)\}B = B^{-1}B = \mathbf{I}$$
$$(AB)(B^{-1}A^{-1}) = \{A(BB^{-1})\}A^{-1} = AA^{-1} = \mathbf{I}$$

となる。

証明終り

次の定理は本節目標の性質を示す上で重要である。本来ならば，線形写像や次元などの用語を用いて示したいところで

あるが，予備知識をなるべく膨らませないようにして証明しよう。

定理 5　$|GL(3,2)|$（$GL(3,2)$の位数（元の個数））$=168$

証明

係数を $\boldsymbol{Z}_2$ とする次の行列

$$A=\begin{pmatrix} a_{11} & a_{12} & a_{13} \\ a_{21} & a_{22} & a_{23} \\ a_{31} & a_{32} & a_{33} \end{pmatrix}$$

が正則行列になる条件を考える。いま，

$$\mathbf{a}_1=\begin{pmatrix} a_{11} \\ a_{21} \\ a_{31} \end{pmatrix},\quad \mathbf{a}_2=\begin{pmatrix} a_{12} \\ a_{22} \\ a_{32} \end{pmatrix},\quad \mathbf{a}_3=\begin{pmatrix} a_{13} \\ a_{23} \\ a_{33} \end{pmatrix}$$

とおく。

$$\mathbf{a}_1=\mathbf{o}$$

のとき，A が正則行列にならないことは明らかである。それは，上式が成り立つならば，どのような３次正方行列 B に対しても，

$$BA=\begin{pmatrix} 0 & * & * \\ 0 & * & * \\ 0 & * & * \end{pmatrix}$$

となるからである。$\mathbf{a}_2=\mathbf{o}$ あるいは $\mathbf{a}_3=\mathbf{o}$ のとき，A が正則行列にならないことも同様にして分かる。

ここで，次の7つのベクトルおよび $\mathbf{o}$ が，$\boldsymbol{Z}_2$ の元を係数とする3次元ベクトル全体の集合 V となることに注意する。

$$\mathbf{e}_1 = \begin{pmatrix}1\\0\\0\end{pmatrix}, \quad \mathbf{u}_1 = \begin{pmatrix}1\\1\\0\end{pmatrix}, \quad \mathbf{u}_2 = \begin{pmatrix}1\\0\\1\end{pmatrix}, \quad \mathbf{u}_3 = \begin{pmatrix}1\\1\\1\end{pmatrix},$$

$$\mathbf{e}_2 = \begin{pmatrix}0\\1\\0\end{pmatrix}, \quad \mathbf{u}_4 = \begin{pmatrix}0\\1\\1\end{pmatrix}, \quad \mathbf{e}_3 = \begin{pmatrix}0\\0\\1\end{pmatrix}$$

次に，3次正方行列 A について，

$$A \text{ が正則行列} \Leftrightarrow \{A\mathbf{v} | \mathbf{v} \in V\} = V$$

であることを示す。

(⇒) について。$AB = \mathbf{I}$ となる3次正方行列

$$B = \begin{pmatrix} b_{11} & b_{12} & b_{13} \\ b_{21} & b_{22} & b_{23} \\ b_{31} & b_{32} & b_{33} \end{pmatrix}$$

があれば，

$$A\begin{pmatrix}b_{11}\\b_{21}\\b_{31}\end{pmatrix} = \mathbf{e}_1, \quad A\begin{pmatrix}b_{12}\\b_{22}\\b_{32}\end{pmatrix} = \mathbf{e}_2, \quad A\begin{pmatrix}b_{13}\\b_{23}\\b_{33}\end{pmatrix} = \mathbf{e}_3$$

となる3次元ベクトル

$$\mathbf{b}_1 = \begin{pmatrix}b_{11}\\b_{21}\\b_{31}\end{pmatrix}, \quad \mathbf{b}_2 = \begin{pmatrix}b_{12}\\b_{22}\\b_{32}\end{pmatrix}, \quad \mathbf{b}_3 = \begin{pmatrix}b_{13}\\b_{23}\\b_{33}\end{pmatrix}$$

があることになる。このときの V の任意の元 $\mathbf{u}=\begin{pmatrix}\alpha\\\beta\\\gamma\end{pmatrix}$ に対し，

$$A(\alpha\mathbf{b}_1+\beta\mathbf{b}_2+\gamma\mathbf{b}_3)=\alpha A\mathbf{b}_1+\beta A\mathbf{b}_2+\gamma A\mathbf{b}_3$$
$$=\alpha\mathbf{e}_1+\beta\mathbf{e}_2+\gamma\mathbf{e}_3=\mathbf{u}$$

となるので，(⇒) が示された。

(⇐) について。V の元 $\mathbf{e}_1,\mathbf{e}_2,\mathbf{e}_3$ に対し，

$$A\mathbf{b}_1=\mathbf{e}_1,\quad A\mathbf{b}_2=\mathbf{e}_2,\quad A\mathbf{b}_3=\mathbf{e}_3$$

となる３次元ベクトル $\mathbf{b}_1,\mathbf{b}_2,\mathbf{b}_3$ があるので，

$$\mathbf{b}_1=\begin{pmatrix}b_{11}\\b_{21}\\b_{31}\end{pmatrix},\quad \mathbf{b}_2=\begin{pmatrix}b_{12}\\b_{22}\\b_{32}\end{pmatrix},\quad \mathbf{b}_3=\begin{pmatrix}b_{13}\\b_{23}\\b_{33}\end{pmatrix},$$

$$B=\begin{pmatrix}b_{11}&b_{12}&b_{13}\\b_{21}&b_{22}&b_{23}\\b_{31}&b_{32}&b_{33}\end{pmatrix}$$

とおくと，３次正方行列 B は

$$AB=\mathbf{I}$$

を満たす。

ここで，V の任意の元 $\mathbf{v}$ に対し，A と B の $\mathbf{v}$ への作用として，それぞれ $A\mathbf{v}, B\mathbf{v}$ を考えることにすれば，A と B はどちらも V 上の置換と見なすことができる。そして，$AB=\mathbf{I}$ が意味することは，置換 A は置換 B の逆

置換である。すなわち，A と B を V 上の置換と見なすと，V の任意の元 $\mathbf{v}$ に対し，

$$(B \circ A)(\mathbf{v}) = \mathbf{v}$$

も成り立つことを意味する。よって行列 BA は，

$$(B\ A)\mathbf{v} = \mathbf{v}$$

がすべての 3 次元ベクトル $\mathbf{v}$ について成り立つことになる。とくに，$\mathbf{v}$ として $\mathbf{e}_1, \mathbf{e}_2, \mathbf{e}_3$ をとることを考えれば，

$$BA = \mathbf{I}$$

が成り立つ。よって，A は正則行列となるので，($\Leftarrow$) が示された。

以下，$\{A\mathbf{v} | \mathbf{v} \in V\} = V$ となる 3 次正方行列 A は 168 個あることを示す。

まず，$\mathbf{a}_1$ の候補として，$\mathbf{o}$ 以外の V の元 7 つをとる。

次に $\mathbf{a}_2$ の候補として，$\mathbf{o}$ と $\mathbf{a}_1$ 以外の V の元 6 つをとる。これは，もし $\mathbf{a}_2 = \mathbf{a}_1$ とすると，

$$A\mathbf{e}_1 = A\mathbf{e}_2 = \mathbf{a}_1$$

となって，$\{A\mathbf{v} | \mathbf{v} \in V\} = V$ という式は成り立たないからである。

ここで $\mathbf{a}_1 + \mathbf{a}_2$ は，$\mathbf{o}, \mathbf{a}_1, \mathbf{a}_2$ と異なることは明らかである。

次に $\mathbf{a}_3$ の候補として，$\mathbf{o}$ と $\mathbf{a}_1$ と $\mathbf{a}_2$ と $\mathbf{a}_1+\mathbf{a}_2$ 以外の V の元４つをとる。これは，もし $\mathbf{a}_3=\mathbf{a}_1+\mathbf{a}_2$ とすると，

$$A\mathbf{u}_1 = A\mathbf{e}_3 = \mathbf{a}_3$$

となって，$\{A\mathbf{v}|\mathbf{v}\in V\}=V$ という式は成り立たないからである。以上から，

$$7\times6\times4 = 168 \text{（個）}$$

の $\{A\mathbf{v}|\mathbf{v}\in V\}=V$ となる A の候補が揃ったことになる。それら 168 個の A の候補を１つ固定して，$\{A\mathbf{v}|\mathbf{v}\in V\}=V$ という式が成り立つことを示そう。そのためには，

$$\mathbf{o}, \mathbf{a}_1, \mathbf{a}_2, \mathbf{a}_1+\mathbf{a}_2, \mathbf{a}_3, \mathbf{a}_1+\mathbf{a}_3, \mathbf{a}_2+\mathbf{a}_3, \mathbf{a}_1+\mathbf{a}_2+\mathbf{a}_3$$

がすべて異なることを示せばよい。なぜならば，

$$\mathbf{o} = A\mathbf{o},\quad \mathbf{a}_1 = A\mathbf{e}_1,\quad \mathbf{a}_2 = A\mathbf{e}_2,\quad \mathbf{a}_3 = A\mathbf{e}_3,$$
$$\mathbf{a}_1+\mathbf{a}_2 = A\mathbf{u}_1,\quad \mathbf{a}_1+\mathbf{a}_3 = A\mathbf{u}_2,$$
$$\mathbf{a}_2+\mathbf{a}_3 = A\mathbf{u}_4,\quad \mathbf{a}_1+\mathbf{a}_2+\mathbf{a}_3 = A\mathbf{u}_3$$

が成り立つからである。

今までの定め方から，$\mathbf{o}, \mathbf{a}_1, \mathbf{a}_2, \mathbf{a}_1+\mathbf{a}_2, \mathbf{a}_3$ はすべて異なる。そこで，

$$W = \{\mathbf{o}, \mathbf{a}_1, \mathbf{a}_2, \mathbf{a}_1+\mathbf{a}_2\}$$

とおいて，$\mathbf{a}_3, \mathbf{a}_1+\mathbf{a}_3, \mathbf{a}_2+\mathbf{a}_3, \mathbf{a}_1+\mathbf{a}_2+\mathbf{a}_3$ がすべて W の

元でなく，また互いに異なることを示せばよい。

$\mathbf{a}_1+\mathbf{a}_3=\mathbf{a}_3$ とすると，両辺に $\mathbf{a}_3$ をたして，$\mathbf{a}_1=\mathbf{o}$ となって矛盾。

$\mathbf{a}_1+\mathbf{a}_3=\mathbf{a}_2$ とすると，両辺に $\mathbf{a}_1$ をたして，$\mathbf{a}_3=\mathbf{a}_1+\mathbf{a}_2$ となって矛盾。

$\mathbf{a}_1+\mathbf{a}_3=\mathbf{a}_1+\mathbf{a}_2$ とすると，両辺に $\mathbf{a}_1$ をたして，$\mathbf{a}_3=\mathbf{a}_2$ となって矛盾。

以下同様にして，$\mathbf{a}_2+\mathbf{a}_3$, $\mathbf{a}_1+\mathbf{a}_2+\mathbf{a}_3$ も W の元でないことが分かる。また，$\mathbf{a}_3$, $\mathbf{a}_1+\mathbf{a}_3$, $\mathbf{a}_2+\mathbf{a}_3$, $\mathbf{a}_1+\mathbf{a}_2+\mathbf{a}_3$ が互いに異なることも，同様にして分かる。

なお上の議論では，V の任意の元 $\mathbf{v}$ について，

$$\mathbf{v}+\mathbf{v}=\mathbf{o}$$

になる $\boldsymbol{Z}_2$ の性質を用いている。

証明終り

様々な準備はこれで終わり，いよいよ位数 2 の射影平面の自己同型群，すなわち 2 - (7, 3, 1) デザイン (Ω, L) の自己同型群を決定する話に移ろう。図を含めて復習しておくと，以下のようになる。

点の集合 $\Omega=\{1,2,3,4,5,6,7\}$
直線（ブロック）の集合 $L=\{l_1,l_2,l_3,l_4,l_5,l_6,l_7\}$
$l_1=\{1,2,3\},\quad l_2=\{3,4,5\},\quad l_3=\{5,6,1\},\quad l_4=\{2,4,6\},$
$l_5=\{1,7,4\},\quad l_6=\{2,7,5\},\quad l_7=\{3,7,6\}$

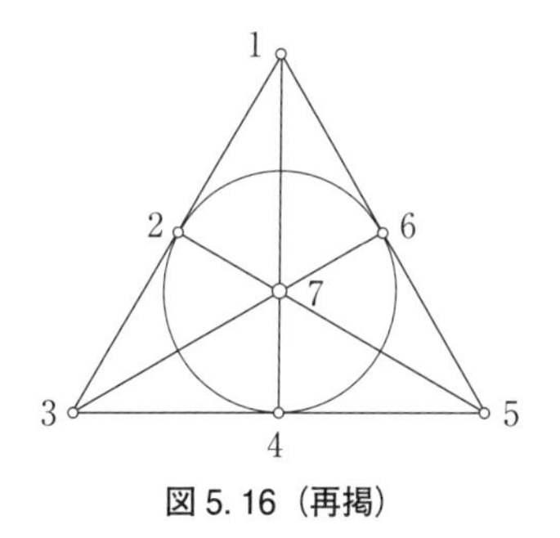

図5.16（再掲）

(Ω, L) の自己同型群とは集合

$\{\varphi|\varphi$ は Ω 上の置換であり，L 上の置換を引き起こす（直線は直線に移す）$\}$

に写像の合成の演算を入れたものである。しばらくの間，この自己同型群を G で表して，$|G|=168$ となることを示そう。図を参考にすると，

$$G \ni (1\ 3\ 5)(2\ 4\ 6), (2\ 6)(3\ 5), (2\ 3)(5\ 6), (2\ 5)(3\ 6), (2\ 4\ 6)(3\ 7\ 5)$$

が分かる。したがって，$G(1)=\Omega$ が成り立つ。また，

$$H = G_1 = \{g \in G | g(1) = 1\}, \quad \Gamma = \{2, 3, 4, 5, 6, 7\}$$

とおくと，H は Γ 上の置換群と見なすことができる。実際，結合法則はもちろん H で成り立つ。また H で，演算は閉じている。さらに，H は単位元 e を元としてもつ。そして，$g(1)=1$ ならば $1=g^{-1}(1)$ が成り立つ。

Γ 上の置換群 H に関しては，

$$H \supseteq S = \{e, (2\ 6)(3\ 5), (2\ 3)(5\ 6), (2\ 5)(3\ 6)\}$$

が成り立ち，H_7 は l_5 のすべての点 1, 7, 4 を固定するものとなる。ここで，H_7 が S の元以外の $\{2, 3, 5, 6\}$ 上に作用する置換をもたないことが，第 2 節の定理を用いることにより分かる。それは，H_7 を $\{2, 3, 5, 6\}$ 上の置換群と見なすと，

$$|H_7| = |H_7(2)| \cdot |(H_7)_2| = 4 \cdot |(H_7)_2|$$

である。ところが，点 1, 4, 7, 2 を固定する G の元は単位元 e に限ることが，
「G の任意の元は直線（ブロック）を直線（ブロック）に移す」という性質を用いれば分かるからである。

したがって $|H_7|=4$ となるので，再び第 2 節の定理より，以下が分かる。

$$|G| = |G(1)| \cdot |H| = 7 \cdot |H|$$
$$|H| = |H(7)| \cdot |H_7| = 6 \cdot |H_7|$$
$$|G| = 7 \cdot 6 \cdot 4 = 168$$

一方，$GL(3, 2)$ について前に述べてきたことから，$GL(3, 2)$ は位数が 168 の群で，以下のように定める 7 文字から成る集合 Ω' 上の置換群と見なせる（3 次元ベクトルで扱う数は $\boldsymbol{Z}_2$ の元）。

$$\Omega' = \left\{ \boldsymbol{V}_1 = \begin{pmatrix} 1 \\ 0 \\ 0 \end{pmatrix}, \boldsymbol{V}_2 = \begin{pmatrix} 1 \\ 1 \\ 0 \end{pmatrix}, \boldsymbol{V}_3 = \begin{pmatrix} 0 \\ 1 \\ 0 \end{pmatrix}, \boldsymbol{V}_4 = \begin{pmatrix} 0 \\ 1 \\ 1 \end{pmatrix}, \boldsymbol{V}_5 = \begin{pmatrix} 0 \\ 0 \\ 1 \end{pmatrix}, \right.$$
$$\left. \boldsymbol{V}_6 = \begin{pmatrix} 1 \\ 0 \\ 1 \end{pmatrix}, \boldsymbol{V}_7 = \begin{pmatrix} 1 \\ 1 \\ 1 \end{pmatrix} \right\}$$

ここで，$GL(3,2)$ の任意の元 A に対し，A は各 $\boldsymbol{V}_i$ を $A\boldsymbol{V}_i$ に対応させる置換と見なしている。

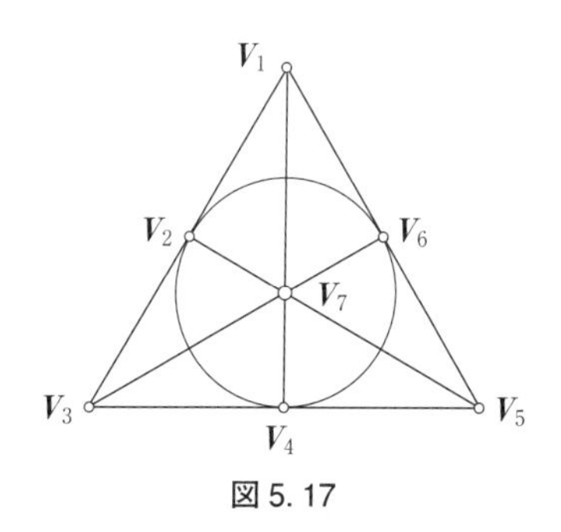

図 5. 17

いま Ω' を上図のように示し，

$$L' = \left\{\begin{array}{l} W_1=\{\boldsymbol{V}_1,\ \boldsymbol{V}_2,\ \boldsymbol{V}_3\},\ W_2=\{\boldsymbol{V}_3,\ \boldsymbol{V}_4,\ \boldsymbol{V}_5\}, \\ W_3=\{\boldsymbol{V}_5,\ \boldsymbol{V}_6,\ \boldsymbol{V}_1\},\ W_4=\{\boldsymbol{V}_2,\ \boldsymbol{V}_4,\ \boldsymbol{V}_6\}, \\ W_5=\{\boldsymbol{V}_1,\ \boldsymbol{V}_7,\ \boldsymbol{V}_4\},\ W_6=\{\boldsymbol{V}_2,\ \boldsymbol{V}_7,\ \boldsymbol{V}_5\}, \\ W_7=\{\boldsymbol{V}_3,\ \boldsymbol{V}_7,\ \boldsymbol{V}_6\} \end{array}\right\}$$

とおくと，L' は次の性質（＊）を満たす V の部分集合全体からなる集合であることが分かる。なお V は，$\boldsymbol{Z}_2$ の元を成分とする３次元ベクトル全体からなる集合である。

（＊）：L' の任意の元 $W_i(1\leq i\leq 7)$ に零ベクトル $\mathbf{0}$ を加えた集合 U_i は，V の４つの元からなる集合で，それはベクトル同士の和の演算に関して加法群となり，$GL(3,2)$ の任意の元 A に対し，$A(U_i)=\{A(\boldsymbol{v})\,|\,\boldsymbol{v}\in U_i\}$ もある U_j になる。

したがって，$GL(3,2)$ は Ω' 上の置換群と見なせるばかりでなく，L' 上の置換を引き起こしている。それゆえ，$GL(3,2)$ は位数２の射影平面 (Ω', L') の自己同型群の部分群となる。ところが (Ω', L') の自己同型群の位数は168であり，これは $GL(3,2)$ の位数と一致する。それゆえ，$GL(3,2)$ は (Ω', L') の自己同型群となるのである。

以下，関連するガロア理論の話題を簡単に紹介しよう。詳しくは拙著『今度こそわかるガロア理論』（講談社）を参照していただきたい。有理数体 $\boldsymbol{Q}$ の元を係数とする最高次係数が1の1変数 n 次多項式 $f(x)$ のガロア群とは，以下のものである。まず，代数学の基本定理より複素数体 $\boldsymbol{C}$ の世界で

$$f(x) = (x-\alpha_1)(x-\alpha_2)\cdots(x-\alpha_n)$$

と一意的に分解される。このとき，$\boldsymbol{Q}$ と $\alpha_1, \alpha_2, \cdots, \alpha_n$ を含む $\boldsymbol{C}$ の最小の部分体（部分集合で体となるもの）を K とするとき，K の体としての自己同型群は

$$\Omega = \{\alpha_1, \alpha_2, \cdots, \alpha_n\}$$

上のある置換群と（群として）同型になる。なお，この置換群は普通，$\boldsymbol{Q}$ 上のガロア群と呼ばれ，$\mathrm{Gal}_{\boldsymbol{Q}}(f)$ で表される。そして，方程式 $f(x)=0$ が代数的に解けるための必要十分条件として，$\mathrm{Gal}_{\boldsymbol{Q}}(f)$ が可解群という群になる性質がある。これがガロア理論の核心であり，そのほとんどすべては n 次対称群になる。n が5以上の n 次対称群は非可解群（可解群でない群）ゆえ，ほとんどの5次方程式は代数的に解けないことになる。実はガロア群に関する多くの和書は，ガロア群が対称群になる方程式の例を挙げることで終わっている。そこで，その拙著では論文「Erbach, Fischer, McKay：Polynomials with PSL(2,7) as Galois group, J. Number Theory 11, (69-75), 1979」を詳しく説明する形で，ガロア群が（単純群

PSL(2, 7) と同型な）$GL(3, 2)$ になる多項式の一例として

$$f(x) = x^7 - 154x + 99$$

があることを示した。そこでのアイデアの本質は，位数２の射影平面の自己同型群が $GL(3, 2)$ と一致することである。

第6章
無限集合の濃度

無限集合の“個数”に相当する「濃度」について，「1対1の対応」から説明する。前半では，自然数全体の集合と実数全体の集合の濃度が等しくないことを示す「カントールの対角線論法」，2つの無限集合の濃度が等しいことを示すときに有効な「ベルンシュタインの定理」などを紹介する。後半では，直線上の点全体の集合と平面上の点全体の集合の濃度が等しくなることをはじめ，いくつかの集合の濃度について説明する。

6.1 集合同士の対等

本節では，有限集合の個数の概念を無限集合に拡張する。準備として，同値関係と同値類をきちんと学ぼう。

集合 X の任意の元 x, y に対し，$x\sim y$ という関係が成立しているか（$x\sim y$ と記す），あるいは $x\sim y$ という関係は成立していないか（$x\nsim y$ と記す），そのどちらかが明確に定められているとする。このとき，「**集合 X に関係 $\sim$ が定められている**」あるいは，「**集合 X に関係 $\sim$ が導入されている**」というが，この関係 $\sim$ が次の3つの条件を満たすとき，$\sim$ は集合 X における**同値関係**であるという。

（i）**反射律**：X のすべての元 x に対して，$x\sim x$ が成り立つ。

（ii）**対称律**：X の元 x, y に対し，$x\sim y$ ならば $y\sim x$ が成り立つ。

（iii）**推移律**：X の元 x, y, z に対し，$x\sim y$ かつ $y\sim z$ ならば，$x\sim z$ が成り立つ。

集合 X に同値関係 $\sim$ が定められているとき，X の任意の元 a に対し，X の部分集合

$$C(a) = \{x \in X \mid a\sim x\}$$

を，同値関係 $\sim$ による a の**同値類**という。

例

第5章第4節の定理1で示したが，m を自然数，$\boldsymbol{Z}$ を整

数全体の集合とするとき，$\boldsymbol{Z}$ の任意の元 x, y に対し，

$$x \sim y \Leftrightarrow x-y \text{ は } m \text{ の倍数}$$

と定めると，$\sim$ は $\boldsymbol{Z}$ における同値関係である。

定理 1

集合 X に同値関係 $\sim$ が定められていて，X の元 a の同値類を $C(a)$ で表すとき，次のことが成り立つ。

(1) X のすべての元 a に対して，$a \in C(a)$。

(2) X の元 a, b に対し，

$$C(a) \cap C(b) \neq \phi \Leftrightarrow C(a) = C(b)。$$

(3) 集合 $\{x \in X | x$ はある $C(a)$ の元，$a \in X\}$ を $\bigcup_{a \in X} C(a)$ で表すとき，

$$X = \bigcup_{a \in X} C(a)。$$

証明

(1) 反射律の成立より，X のすべての元 a に対して $a \sim a$。そこで同値類の定義から，$a \in C(a)$ となる。

(2) $(\Leftarrow)$ は明らかなので，$(\Rightarrow)$ を示す。

いま，$C(a) \cap C(b) \ni c$ とすると，同値類の定義から

$$a \sim c, \quad b \sim c$$

を得る。ここで対称律を用いて，

$$a \sim c, \quad c \sim b$$

を得る。そして推移律を用いて，

$$a \sim b$$

を得る。それゆえ対称律を用いて

$$b \sim a$$

となる。

次に，X の元 x に対し，いま得た $a \sim b$ および $b \sim a$ を用いて推移律を適用することにより，

$$\begin{aligned} x \in C(a) &\Leftrightarrow a \sim x \\ &\Leftrightarrow b \sim x \\ &\Leftrightarrow x \in C(b) \end{aligned}$$

が成り立つことが分かる。したがって，$C(a)=C(b)$ が導かれたのである。

(3) 各 $C(a)$ は X の部分集合であるから，

$$X \supseteq \bigcup_{a \in X} C(a)$$

を得る。一方，X の任意の元 x に対し，$x \in C(x)$ であるから，

$$x \in C(x) \subseteq \bigcup_{a \in X} C(a)$$

となるので，

$$X \subseteq \bigcup_{a \in X} C(a)$$

を得る。以上から (3) が成り立つ。

証明終り)))))))

いま X を集合とし，X のいくつかの部分集合からなる集合 $\boldsymbol{M}(\boldsymbol{M} \ni \phi)$ が次の（i）と（ii）を満たすとき，$\boldsymbol{M}$ は X の**直和分割**であるという。

（i）$\cup \boldsymbol{M}$($\boldsymbol{M}$ のすべての元の和集合)$=X$。

（ii）$\boldsymbol{M}$ の相異なる任意の2元 M, M' に対し，$M \cap M' = \phi$。

定理1は，集合 X に同値関係 $\sim$ が定められているとき，$\sim$ による同値類全体の集合を $\boldsymbol{M}$ とすると，$\boldsymbol{M}$ は X の直和分割であることを示している。そのように，同値関係 $\sim$ から直和分割 $\boldsymbol{M}$ をつくることを X の $\sim$ による**類別**という。このとき，$\boldsymbol{M}$ を X の $\sim$ による**商集合**といい，$X/\sim$ で表す。すなわち，

$$X/\sim \, = \{C(a) \mid a \in X\}$$

である。

一つの用語であるが，C を X の $\sim$ による同値類とし，c を C の任意の元とするとき，c を C の**代表元**という。もちろん，ここでの代表元は「代表」という意味から連想する学校のクラス代表のようなものではなく，C のどの元でもよいのである。

例

Xをクラスの生徒全員の集合とする。Xの任意の元 x, yに対し,

$$x \sim y \Leftrightarrow x \text{ は } y \text{ と血液型が同じ}$$

と定めると, $\sim$ は Xにおける同値関係である。そして,

$$X/\sim = \{\{\text{A 型の生徒全員}\}, \{\text{B 型の生徒全員}\}, \{\text{AB 型の生徒全員}\}, \{\text{O 型の生徒全員}\}\}$$

となる。そして, もしクラスの一郎君の血液型がAならば, 一郎君は同値類{A型の生徒全員}の代表元である。

ところで, 集合 Xに関係 $\sim$ が定められているとき, それが反射律, 対称律, 推移律のすべてを満たす同値関係になるとも限らない。そこで, それら3つのうち2つを満たし, 1つを満たさない関係の例を順に紹介しよう。

例

(1) $X=\boldsymbol{R}$(実数全体の集合)とし, Xの任意の元 x, yに対し,

$$x \sim y \Leftrightarrow |x-y| \leq 1$$

と定めると, 関係 $\sim$ は反射律および対称律を満たすが, 推移律は満たさないことが分かる。

(2) $X=\boldsymbol{R}$とし, Xの任意の元 x, yに対し,

$$x \sim y \Leftrightarrow x \leq y$$

と定めると，関係 ~ は反射律および推移律を満たすが，対称律は満たさないことが分かる。

(3) $X = \{1\}$ とし，X の任意の元 x, y に対し，

$$x \sim y \Leftrightarrow x \neq y$$

と定めると，関係 ~ は対象律および推移律を満たすが，反射律は満たさないことが分かる。なお論理文「$p \Rightarrow q$」は，p が真で q が偽であるときのみ偽となって，その他の場合は真となることに注意する。

これから，有限集合に関する「個数」の概念を無限集合に拡張していこう。

一般に，集合 A から集合 B への全単射が存在するとき，B は A に**対等**であるといい，

$$A \sim B$$

と書く。このとき，次の定理が成り立つ。

定理 2

集合 A, B, C について，以下が成り立つ。

(1) $A \sim A$

(2) $A \sim B$ ならば $B \sim A$

(3) $A \sim B, B \sim C$ ならば $A \sim C$

(((((((((証明

(1) A の任意の元をそれ自身に対応させる写像を考えれば，その写像は明らかに A から A への全単射である。

(2) A から B への全単射 f に対し，B の任意の元 x に対し $f(y)=x$ となる A の元 y がただ一つ定まる。この対応による写像，すなわち f の逆写像 f^{-1} は B から A への全単射である。

(3) A から B への全単射 f と B から C への全単射 g をとる。このとき，f と g の合成写像 $g \circ f$ は A から C への全単射である。

証明終り)))))))))

定理2の (2) により，$A \sim B$ であることを，A と B は互いに対等である，ということもできる。さらに，当面扱ういくつかの集合を，互いに対等な集合同士で1つの同値類を構成するように類別することができる。

例

$A_1 = \{1, 2, 3\}$,　$A_2 = \{1, 2, 3, 4, 5\}$,
$A_3 = \{a, b, c\}$,　$A_4 = \{a, b, c, d, e, f\}$,
$A_5 = \{$あ, い, う$\}$,　$A_6 = \{$ア, イ, ウ, エ, オ$\}$,
$A_7 =$ 正の偶数全体からなる集合,
$A_8 =$ 正の奇数全体からなる集合,
$A_9 =$ 実数全体からなる集合,

$$A_{10} = \left\{ x \mid x \text{ は実数}, \ -\frac{\pi}{2} < x < \frac{\pi}{2} \right\}$$

を上で述べたように類別すると，次の5つの同値類に分かれる（第1章第2節，第2章第2節および本節定理5までに述べる説明文を参照）。

$$\{A_1, A_3, A_5\}, \ \{A_2, A_6\}, \{A_4\},$$
$$\{A_7, A_8\}, \ \{A_9, A_{10}\}$$

以後，互いに対等な集合同士は，同じ**濃度**をもつということにする。

ここで，A と B が有限集合のときは，

$$A \sim B$$

ということと，

$$A \text{ の元の個数} = B \text{ の元の個数}$$

ということは同じことである。そこで，有限集合 S に関しては，その濃度をその元の個数として構わないのである。

次に，

$$\boldsymbol{N} = \text{自然数全体の集合}$$
$$\boldsymbol{Z} = \text{整数全体の集合}$$
$$\boldsymbol{Q} = \text{有理数全体の集合}$$
$$\boldsymbol{R} = \text{実数全体の集合}$$

に対して，$\boldsymbol{N}, \boldsymbol{Z}, \boldsymbol{Q}$ は同じ濃度をもつが，$\boldsymbol{R}$ はそれらとは同

じ濃度をもたないことを示そう。

定理 3　$\boldsymbol{N} \sim \boldsymbol{Z}$

証明

$\boldsymbol{N}$ から $\boldsymbol{Z}$ への写像 f を次のように定める。

$$f(1) = 0,\ \ f(2) = 1,\ \ f(3) = -1,\ \ f(4) = 2,$$
$$f(5) = -2,\ \ f(6) = 3,\ \ f(7) = -3, \cdots$$

すなわち,

$$f(n) = \left[\frac{n}{2}\right](-1)^n$$

とおく。ここで $\left[\dfrac{n}{2}\right]$ は $\dfrac{n}{2}$ を超えない最大の整数を表す。このとき, f は $\boldsymbol{N}$ から $\boldsymbol{Z}$ への全単射となる。

証明終り

例

A を偶数全体からなる集合とすると, $\boldsymbol{N} \sim A$ であることを示そう。

$\boldsymbol{Z}$ から A への写像 g を次のように定めると, g は $\boldsymbol{Z}$ から A への全単射になる。

$$g(x) = 2x$$

したがって, $\boldsymbol{Z} \sim A$ となる。また定理 3 より $\boldsymbol{N} \sim \boldsymbol{Z}$ であるから, 定理 2 (3) によって $\boldsymbol{N} \sim A$ となる。

定理 4　$\boldsymbol{N} \sim \boldsymbol{Q}$

証明

$A_1 = \{0\}$

$A_2 = \{1, -1\}$

$A_3 = \left\{2, \frac{1}{2}, -\frac{1}{2}, -2\right\}$

$A_4 = \left\{3, \frac{1}{3}, -\frac{1}{3}, -3\right\}$

$A_5 = \left\{4, \frac{3}{2}, \frac{2}{3}, \frac{1}{4}, -\frac{1}{4}, -\frac{2}{3}, -\frac{3}{2}, -4\right\}$

$A_6 = \left\{5, \frac{1}{5}, -\frac{1}{5}, -5\right\}$

$A_7 = \left\{6, \frac{5}{2}, \frac{4}{3}, \frac{3}{4}, \frac{2}{5}, \frac{1}{6}, -\frac{1}{6}, -\frac{2}{5}, -\frac{3}{4}, -\frac{4}{3}, -\frac{5}{2}, -6\right\}$

$\vdots$

と順に定める。$A_n (n=2, 3, 4, \cdots)$ を正確に定義すると次のようになる。

$$A_n = \left\{\frac{q}{p}, -\frac{q}{p} \,\middle|\, p+q=n,\ p \text{ は } 1 \text{ 以上 } n-1 \text{ 以下の整数}, \right.$$
$$\left. \frac{q}{p} \text{ と同じ値の数は } A_1, \cdots, A_{n-1} \text{ には存在しない}\right\}$$

次に，$A_1, A_2, A_3, A_4, \cdots$ の順に，それぞれすべての元を並べていく。ただし，同じ A_i に属する元どうしでは大きい方を先に並べる。すなわち，次のように並べる。

$$0, 1, -1, 2, \frac{1}{2}, -\frac{1}{2}, -2, 3, \frac{1}{3}, -\frac{1}{3},$$

$$-3, 4, \frac{3}{2}, \frac{2}{3}, \frac{1}{4}, -\frac{1}{4}, \cdots$$

そして$\boldsymbol{N}$から$\boldsymbol{Q}$への写像fを，各自然数nに対し

$$f(n) = \text{上の数列の } n \text{ 番目の項}$$

というように定めると，fは$\boldsymbol{N}$から$\boldsymbol{Q}$への全単射となる。

証明終り

定理5　$\boldsymbol{N} \sim \boldsymbol{R}$ではない。

証明

$$S = \{x \mid x \text{ は実数, } 0 < x < 1\}$$

$$A = \left\{x \mid x \text{ は実数, } -\frac{\pi}{2} < x < \frac{\pi}{2}\right\}$$

に対し，SからAへの写像gを

$$g(x) = \pi x - \frac{\pi}{2}$$

と定めると，gはSからAへの全単射である。よって，

$$S \sim A$$

が成り立つ。また，関数 $y=\tan x$ によって $A\sim\boldsymbol{R}$ であったから，

$$S\sim\boldsymbol{R}$$

となる。

したがって，もし $\boldsymbol{N}\sim\boldsymbol{R}$ とすると，定理 2 より $\boldsymbol{N}\sim S$ となる。以下，$\boldsymbol{N}\sim S$ と仮定して矛盾を導こう。

f を $\boldsymbol{N}$ から S への全単射とし，次のようにおく。

$$f(1)=0.\alpha_{11}\alpha_{12}\alpha_{13}\alpha_{14}\cdots$$
$$f(2)=0.\alpha_{21}\alpha_{22}\alpha_{23}\alpha_{24}\cdots$$
$$f(3)=0.\alpha_{31}\alpha_{32}\alpha_{33}\alpha_{34}\cdots$$
$$f(4)=0.\alpha_{41}\alpha_{42}\alpha_{43}\alpha_{44}\cdots$$

ここで，α_{nm} は $f(n)$ の小数第 m 位の数である。なお，S の元で有限小数であるものに対しては，0 を限りなく続けて無限小数の形にしておく。

さて，次のような実数

$$x=0.\beta_1\beta_2\beta_3\beta_4\cdots$$

を考える。

$$\beta_n=\begin{cases}1 & (\alpha_{nn}\text{が偶数のとき})\\ 2 & (\alpha_{nn}\text{が奇数のとき})\end{cases}$$

f は $\boldsymbol{N}$ から S への全単射であるので，この x に対しても，$f(k)=x$ となる自然数 k が存在する。ところが $f(k)$ と x の小数第 k 位に注目すると，$\alpha_{kk}\neq\beta_k$ であるの

で矛盾を得る。なお，この論法は**カントールの対角線論法**という有名なものである。

証明終り

言葉の定義であるが，$\boldsymbol{N}, \boldsymbol{Z}, \boldsymbol{Q}$ などの濃度を $\aleph_0$（アレフゼロ）といい，$\boldsymbol{R}$ の濃度を $\aleph$（アレフ）という。それらを歴史的に遡ると，第1章第1節で述べたトークンに遡るのである。

ところで，定理5の証明において $A \sim \boldsymbol{R}$ であったが，

$$B = \left\{x \middle| x \text{ は実数，} -\frac{\pi}{2} \leq x \leq \frac{\pi}{2}\right\}$$

と $\boldsymbol{R}$ の濃度を比べると，$B \sim \boldsymbol{R}$ は成り立つのであろうか。実際，これは成り立つのであるが，それがいえる決定的な定理として，次のベルンシュタインの定理がある。この定理は，集合同士の濃度が同じことをいうために強力な定理だといえよう。もちろん，この定理を認めれば，$B \sim \boldsymbol{R}$ が成り立つことは明らかである。

定理 6

ベルンシュタインの定理

集合 A から集合 B への単射が存在し，集合 B から集合 A への単射が存在すれば，A と B は対等である。

この定理の証明は，初学者にとってはやや難しい面がある。そこで，まず例によって証明の概略を理解していただき，その後で一般的な証明を述べよう。

例

集合Aを0以上1以下の区間$[0, 1]$とし，集合Bを0以上2以下の区間$[0, 2]$とする。また関数fを

$$f(x) = x+1$$

と定めるAからBへの単射とし，関数gを

$$g(x) = \frac{1}{4}x$$

と定めるBからAへの単射とする。

$$\begin{aligned} B_0 &= B - f(A) \ (= \{x \in B \mid x \notin f(A)\}) \\ &= [0, 1) \quad \text{(0以上1未満の区間)} \end{aligned}$$

とおいて，各A_n, B_nを次のように順に定める集合とする（$n=1, 2, 3, \cdots$）。

$$A_n = g(B_{n-1}), \quad B_n = f(A_n)$$

それらを具体的に求めると，以下のようになる。

$$B_0 = [0, 1),$$

$$A_1 = \left[0, \frac{1}{4}\right), \quad B_1 = \left[1, \frac{5}{4}\right),$$

$$A_2 = \left[\frac{1}{4}, \frac{5}{16}\right), \quad B_2 = \left[\frac{5}{4}, \frac{21}{16}\right),$$

$$A_3 = \left[\frac{5}{16}, \frac{21}{64}\right), \quad B_3 = \left[\frac{21}{16}, \frac{85}{64}\right),$$

$$A_4=\left[\frac{21}{64},\frac{85}{256}\right),\quad B_4=\left[\frac{85}{64},\frac{341}{256}\right),$$

$$\vdots$$

ここで,

$$\overline{A}=\bigcup_{n=1}^{\infty}A_n,\quad \overline{B}=\bigcup_{n=0}^{\infty}B_n$$

とおくと，以下の無限等比級数の和の計算より

$$\overline{A}=\left[0,\frac{1}{3}\right),\quad \overline{B}=\left[0,\frac{4}{3}\right)$$

が導かれる。

$$A_n=[\,*,\alpha_n),\quad B_n=[\,*,\beta_n)$$

について,

$$\alpha_n=\frac{1}{4}+\left(\frac{1}{4}\right)^2+\left(\frac{1}{4}\right)^3+\left(\frac{1}{4}\right)^4+\cdots+\left(\frac{1}{4}\right)^n$$

$$\lim_{n\to\infty}\alpha_n=\frac{\frac{1}{4}}{1-\frac{1}{4}}=\frac{1}{3},\quad \lim_{n\to\infty}\beta_n=\lim_{n\to\infty}\alpha_n+1=\frac{4}{3}。$$

以上のもとで，f の定義域を $A-\overline{A}=\left[\frac{1}{3},1\right]$ に制限した写像を f_1, g の定義域を $\overline{B}=\left[0,\frac{4}{3}\right)$ に制限した写像を g_1 とすると，f_1 は $\left[\frac{1}{3},1\right]$ から $\left[\frac{4}{3},2\right]$ への全単射となり，g_1 は $\left[0,\frac{4}{3}\right)$ から $\left[0,\frac{1}{3}\right)$ への全単射となる。そこ

で，$[0,1]$ から $[0,2]$ への写像 φ を，

$$\varphi(x)=\begin{cases} f_1(x) & \left(x\in\left[\dfrac{1}{3},1\right]\right) \\ g_1^{-1}(x) & \left(x\in\left[0,\dfrac{1}{3}\right)\right) \end{cases}$$

とおくと，φ は $[0,1]$ から $[0,2]$ への全単射となる。

定理６の証明

f を A から B への単射，g を B から A への単射とする。f が A から B への全射ならば f は全単射となるので，以後 $f(A)\neq B$ としてよい。

いま，

$$B_0=B-f(A)$$

とおいて，各 $A_n, B_n(n=1,2,3,\cdots)$，そして $\overline{A},\overline{B}$ を次のように順に定める集合とする。

$$A_n=g(B_{n-1}),\quad B_n=f(A_n)$$

$$\overline{A}=\bigcup_{n=1}^{\infty}A_n,\quad \overline{B}=\bigcup_{n=0}^{\infty}B_n$$

上記のもとで，f の定義域を $A-\overline{A}$ に制限した写像を f_1，g の定義域を $\overline{B}$ に制限した写像を g_1 とすると，f_1 は $A-\overline{A}$ から $f(A)-f(\overline{A})=f(A)-\overline{B}$ への全単射となり，g_1 は $\overline{B}=B_0\cup f(\overline{A})$ から $g(\overline{B})=\overline{A}$ への全単射となる。

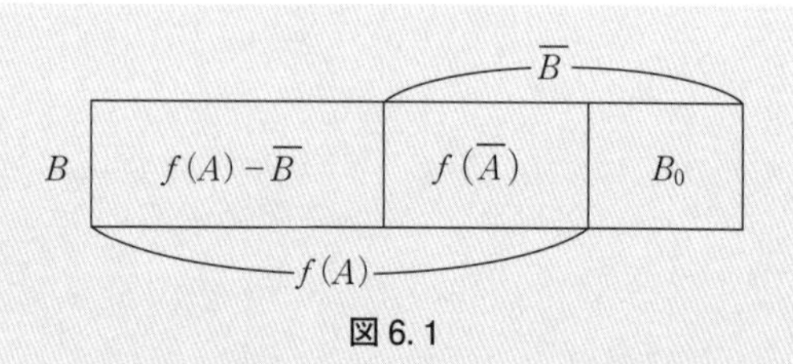

図 6.1

そこで，A から B への写像 φ を，

$$\varphi(x) = \begin{cases} f_1(x) & (x \in A - \overline{A}) \\ {g_1}^{-1}(x) & (x \in \overline{A}) \end{cases}$$

によって定めると，φ は A から B への全単射となる。

証明終り

なお定理6の証明は，『集合・位相入門』（松坂和夫著，岩波書店）を参考にして書いたものである。この書は集合論，そして一般位相空間論を初学者がしっかり学ぶ上で名著といえるもので，ここで推薦させていただく。

6.2 いろいろな集合の濃度

本節では，前節で導入した濃度について，いろいろな集合に発展させて考えてみよう。まず，集合 A から集合 B への単射があるとき，

$$A\text{ の濃度} \leq B\text{ の濃度}$$

と定める。ベルンシュタインの定理より，

$$A\text{ の濃度} \leq B\text{ の濃度},\ B\text{ の濃度} \leq A\text{ の濃度}$$

$\Rightarrow A$ の濃度 $= B$ の濃度

が成り立つ。

また，A の濃度 $\leq B$ の濃度，A の濃度 $\neq B$ の濃度であるとき，

A の濃度 $< B$ の濃度

と表し，A の濃度は B の濃度より小さい（B の濃度は A の濃度より大きい）という。

一般に，濃度 $\aleph_0$（アレフゼロ）をもつ集合を**可算集合**という。

定理 1

無限集合 A は必ず可算集合を部分集合として含む。

証明

無限集合 A から任意の１つの元 a_1 をとる。次に，無限集合 $A-\{a_1\}$ から任意の１つの元 a_2 をとる。次に，無限集合 $A-\{a_1, a_2\}$ から任意の１つの元 a_3 をとる。以下，同様に続けていくと，A は可算集合 $\{a_1, a_2, a_3, \cdots\}$ を含むことになる。

証明終り

定理 2

集合 A は可算部分集合 B をもつとする。このとき，$A-B$ が無限集合ならば，$A-B$ は A と対等である。

((((((((証明

定理1より，$A-B$ は可算部分集合 C をもつ。ここで第1節定理3の証明を参考にすれば，

$$C \sim B \cup C$$

であることが分かる。よって，$B \cup C$ から C への全単射 g がある。

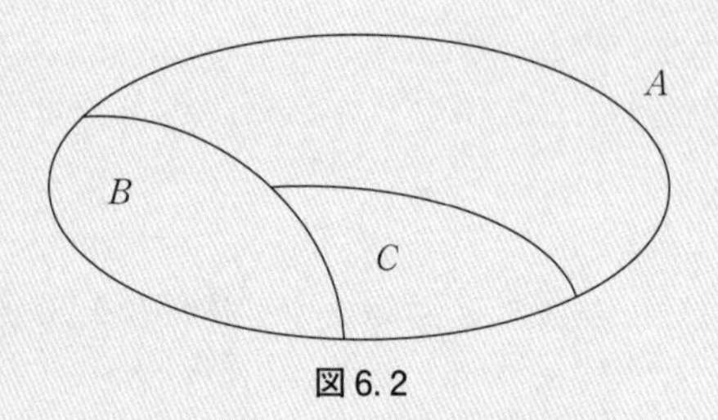

図6.2

そこで，A から $A-B$ への写像 f を次のように定めると，f は A から $A-B$ への全単射となる。

$$f(a) = \begin{cases} g(a) & (a \in B \cup C) \\ a & (a \notin B \cup C) \end{cases}$$

証明終り))))))))

定理3

$\boldsymbol{R} \sim \boldsymbol{R} \times \boldsymbol{R} = \{(a, b) \mid a, b \in \boldsymbol{R}\}$ が成り立つ。すなわち，直線上の点全体の集合と平面上の点全体の集合は対等である。

((((((((証明

関数 $y = \tan\left(\pi\left(\theta - \frac{1}{2}\right)\right)$ を考えると，

$$(0,1) = \{x \in \boldsymbol{R} \mid 0 < x < 1\} \sim \boldsymbol{R}$$

であることが分かる。よって，

$$(0,1) \times (0,1) = \{(a,b) \mid a \in (0,1),\, b \in (0,1)\}$$

と $\boldsymbol{R} \times \boldsymbol{R}$ も対等であることが分かる。そこで，$(0,1)$ と $(0,1) \times (0,1)$ が対等であることをいえばよい。

　そのために，$(0,1] = \{x \in \boldsymbol{R} \mid 0 < x \leq 1\}$ とおいて，

$$(0,1] \sim (0,1] \times (0,1]$$

が成り立つことを先に示そう。

　ここで，0より大で1以下の小数をすべて無限小数表示にすることを考える。たとえば，0.03802という有限小数は0.03801999…という形に表すのである。

　さらに，たとえば

$$0.450300729013\cdots$$

という無限小数にある0以外の数の直後に

$$0.4|5|03|007|2|9|01|3|\cdots$$

のように縦線を入れる。そして，この小数から次の2つの小数を表示する（縦線による区切りの1つおきに並べる）。

$$0.4\ 0\ 3\ 2\ 0\ 1\ \cdots$$
$$0.5\ 0\ 0\ 7\ 9\ 3\ \cdots$$

上の表示によって $(0,1]$ から $(0,1]\times(0,1]$ への全単射が導かれることになる。

一方，ベルンシュタインの定理から

$$(0,1] \sim (0,1)$$
$$(0,1]\times(0,1] \sim (0,1)\times(0,1)$$

が導かれるので，以下を得る。

$$(0,1) \sim (0,1] \sim (0,1]\times(0,1] \sim (0,1)\times(0,1)$$

よって，定理 3 が証明されたことになる。

証明終り)))))))

次に，X を集合とするとき，X のすべての部分集合から成る集合を X の**巾集合**といい，$\boldsymbol{B}(X)$ で表す。巾集合に関しては，次の定理が成り立つ。

定理 4

任意の集合 X について，

$$X \text{の濃度} < \boldsymbol{B}(X) \text{の濃度}$$

が成り立つ。

((((((((証明

X の任意の元 a に $\boldsymbol{B}(X)$ の元 $\{a\}$ を対応させる写像は，X から $\boldsymbol{B}(X)$ への単射である。よって，

$$X \text{の濃度} \leq \boldsymbol{B}(X) \text{の濃度}$$

が成り立つ。

もし X から $\boldsymbol{B}(X)$ への全単射 f があるとしよう。いま，

$$Y = \{a \mid a \in X, a \notin f(a)\}$$

とおき，x を X の任意の元とする。このとき $x \in f(x)$ ならば Y の定義より $x \notin Y$ である。一方，$x \notin f(x)$ ならば Y の定義より $x \in Y$ である。

いずれにしろ，X のすべての元 x について，

$$f(x) \neq Y$$

が成り立つ。したがって，f は全射ではないので矛盾である。

証明終り))))))))

次は本節最後の定理である。

定理 5　$\boldsymbol{B}(\boldsymbol{N}) \sim \boldsymbol{R}$

((((((((**証明**

まず，

$$2\text{進法の}\,1 \quad = \quad 10\text{進法の}\,1$$

$$2\text{進法の}\,0.1 \quad = \quad 10\text{進法の}\,\frac{1}{2}$$

$$2\text{ 進法の }0.01 = 10\text{ 進法の }\frac{1}{4}$$

$$2\text{ 進法の }0.001 = 10\text{ 進法の }\frac{1}{8}$$

$$\vdots$$

である。いま，2 進法の有限小数は，後ろに 000… をつけるようにして無限小数表示とする。これによって，0.000…＝0 から 0.1111…＝1 までの 0 以上 1 以下の数はすべて

$$0.a_1a_2a_3a_4\cdots$$

という 2 進法の形で一意的に表される。ただし，各 a_i は 0 または 1。そのような形で表される 0 以上 1 以下の 2 進数全体の集合を X とする。

その記法のもとで，$\boldsymbol{N}$ の任意の部分集合 A に対し，

$$i\text{ が }A\text{ の元} \Leftrightarrow a_i = 1$$

と定めて A を $0.a_1a_2a_3a_4\cdots$ に対応させると，$\boldsymbol{B}(\boldsymbol{N})$ と X は対等であることが分かる。したがって，

$$\boldsymbol{B}(\boldsymbol{N}) \sim 2\text{ 進法の }0\text{ 以上 }1\text{ 以下の数全体}$$
$$\boldsymbol{B}(\boldsymbol{N}) \sim 10\text{ 進法の }0\text{ 以上 }1\text{ 以下の数全体}$$

が成り立つ。あとは，10 進法の 0 以上 1 以下の数全体の集合 $[0, 1]$ と $\boldsymbol{R}$ は対等になるから結論を得る。

証明終り))))))))

さくいん

【英数・記号】

【あ行】

【か行】

【さ行】

【ま行】

【や行】

【ら行】

【わ行】

N.D.C.410.9　213p　18cm

ブルーバックス　B-2121

離散数学入門（りさんすうがくにゅうもん）
整数の誕生から「無限」まで

2019年12月20日　第1刷発行

著者　芳沢光雄（よしざわみつお）
発行者　渡瀬昌彦
発行所　株式会社講談社
〒112-8001 東京都文京区音羽2-12-21
電話　出版　03-5395-3524
販売　03-5395-4415
業務　03-5395-3615
印刷所　（本文印刷）株式会社精興社
（カバー表紙印刷）信毎書籍印刷株式会社
製本所　株式会社国宝社

定価はカバーに表示してあります。

ISBN978-4-06-518178-2

発刊のことば

科学をあなたのポケットに

二十世紀最大の特色は、それが科学時代であるということです。科学は日に日に進歩を続け、止まるところを知りません。ひと昔前の夢物語もどんどん現実化しており、今やわれわれの生活のすべてが、科学によってゆり動かされているといっても過言ではないでしょう。

そのような背景を考えれば、学者や学生はもちろん、産業人も、セールスマンも、ジャーナリストも、家庭の主婦も、みんなが科学を知らなければ、時代の流れに逆らうことになるでしょう。

ブルーバックス発刊の意義と必然性はそこにあります。このシリーズは、読む人に科学的に物を考える習慣と、科学的に物を見る目を養っていただくことを最大の目標にしています。そのためには、単に原理や法則の解説に終始するのではなくて、政治や経済など、社会科学や人文科学にも関連させて、広い視野から問題を追究していきます。科学はむずかしいという先入観を改める表現と構成、それも類書にないブルーバックスの特色であると信じます。

一九六三年九月　　野間省一